The Fascinating World of Urban Insects

大樹自然放大鏡系列之18

自然老師沒教的事 6

都市昆蟲記

The Fascinating World of Urban Insects

李鍾旻 著

目錄 Contents

推薦序

　　想從都市中發現有趣的新事物，通常都不會與昆蟲有所關連吧！然而作者卻對昆蟲情有獨鍾，專注於水泥森林中的六足世界裡。文質彬彬的作者，很難從外表看出他是一個充滿好奇心且觀察力敏銳的典型「法布爾症候群」重度患者。若非喜愛自然野趣的同好，實在難以體會作者長期守候觀察與點滴累積記錄的辛苦，也無法分享到作者沉浸在探索自然奧秘的樂趣。

　　近年來，市面上陸續推出了不少昆蟲科普書籍，雖然其中不乏圖文並茂者，但能兼具詳實生動的詮釋與十足的生活化，則非本書莫屬。細讀此書，就會感受到作者對自然的熱愛與天賦的觀察力；明確的科學論述，難以掩蓋作者受過的科班薰陶，因為有了這些與眾不同的要件，構成了本書的特色。在到處都是人工設施極端不自然的環境中，想要藉著影像營造出野趣十足的昆蟲生態並不容易，但作者卻善於運用廣角鏡頭，平實地記錄昆蟲，將主體融入滿是高樓大廈的人為環境中，然後再佐以生動的文筆，依然足以引人入勝。賞心悅目的蝴蝶，幾乎人見人愛；至於令人厭惡的蟑螂，通常都會極力排斥，不想進一步去認識。但在作者的眼裡，就沒有這麼兩極的看法，只要是他自認不懂的，就會滿心歡喜地觀察記錄。

　　一般人對昆蟲的認知，大都停留於物種形態的辨識，以為叫得出昆蟲的名稱，就是懂得昆蟲，至於物種與環境的關係、在生態系裡扮演的角色，則一無所知，既無助於環境的改善，更不用說是生態保育了。不管你喜不喜歡，在日常生活中隨時留意身邊的事物——連昆蟲也不例外——總會有所收獲，除了關心環境也能增進智慧。

　　本書從敘述昆蟲的生態習性中帶出昆蟲與人的關係，轉化成認識環境觀察生態的學習素材，為昆蟲寵物化的風潮注入一股清流。希望此書引領昆蟲的同好們開啟新的方向，激發大家了解這片土地自然與人文融合的風采。

徐渙之

3.2015 於六足工作室

Chapter 1

身邊的昆蟲
在哪裡？

我們
最親密的
鄰居

1

　　昆蟲是一群有趣的小生命，牠們遍佈於地球上的各個角落，擁有那令人驚嘆的龐大族群。目前台灣已有紀錄的昆蟲，種類便超過了兩萬種，這些多樣的昆蟲集團，有著千奇百樣的行為。

　　各種不同的昆蟲，彼此間可能為了生存而互相競爭，或者捕食對方、寄生在其他種類的個體身上。自然環境以及自然界裡許多的動物、植物，也關係著牠們的存續。許多昆蟲為了適應環境，發展出獨有的特技，因而在牠們的身上總有著說不完的故事。

　　儘管人類生活在現代化的都市介面，這看似與大自然之間隔了層看不見的城牆，把我們侷限在密不透風的文明裡，讓你我長期脫離了大自然。但是，其實有許多的昆蟲早已適應了城市環境，或者長期遊走於都市邊緣，與我們的生活可是關係密切。說昆蟲是與我們最親密的鄰居，可是一點也不為過。

　　假設你富有好奇心且熱愛動植物，卻鮮少注意過這群都市裡的嬌客，那麼，不妨改變以往看待事物的角度，試著在身邊的不同環境裡，找尋昆蟲的蹤影。在都市中的各式場所，或多或少，都有著昆蟲活動的跡象。有時候甚至不需要踏出家門，也可以有觀察昆蟲的機會。

1　美麗的花鳳蝶是都會環境裡的嬌客。

其實家裡的陽台，就是進行自然觀察很方便的地方。人類喜歡在自家陽台栽種花卉樹木，這大概是基於喜愛大自然的天性，因而我們居住的地方向來不乏觀賞性的植物。而這些植物盆栽的四周，也成了住宅區裡一些昆蟲的主要活動空間。

植物的葉子、莖是很多昆蟲取食的對象，因此在日照充足又有花木生長的陽台，往往能吸引植食性的昆蟲前來聚集、繁殖。例如有很多觀賞植

1 肉蠅（*Parasarcophaga* sp.）。蠅類通常都不得人緣，因為牠們常聚集在糞便或腐肉周圍。

物，便是蝴蝶、蚜蟲、介殼蟲等昆蟲的寄主植物。當然在人類房舍前出現的昆蟲並不只限於素食主義者；每當有植食性昆蟲出現，也常會吸引捕食性、寄生性的昆蟲前來，牠們常在植物周圍流連，伺機捕捉或攻擊獵物。

觀賞性花卉或花盆裡自然長出的野生小草，在開花時也會引來一些喜愛訪花吸蜜的昆蟲。盆栽的土壤，或者周圍較低矮的雜草，其上也會有地棲性

2　盆栽裡的藍灰蝶（沖繩小灰蝶，*Zizeeria maha okinawana*）。注意看，一隻沖繩小灰蝶正停在自然長出的黃花酢漿草葉子上。

3　柑橘木蝨（*Diaphorina citri*）。芸香科植物上常見的小蟲，在柑橘類或七里香（*Murraya paniculata*）等盆栽上都有機會見到。

4　臀紋粉介殼蟲（*Planococcus* sp.）與熱帶大頭家蟻（*Pheidole megacephala*）是陽台的常客。

5　居家陽台上的植被足以吸引昆蟲前來。

6　訪花的花鳳蝶（無尾鳳蝶，*Papilio demoleus*）。花鳳蝶常在居家所種植的柑橘類盆栽上產卵，牠們的成蟲、幼蟲都是陽台的常客。

的昆蟲活動。偶爾也會有一些昆蟲飛行經過，而暫時在陽台停棲。

　　在陽台觀察昆蟲的好處是，不需要出門，也不須費心去飼養照料，隨時可以就地觀察到昆蟲有趣的行為。但是因為受限於人工環境，能見到的昆蟲種類較為有限，如果你已充分認識陽台的這些昆蟲，想再接觸更多不同的種類，那麼是時候前往其他環境看看了。

室內環境

　　昆蟲為何會出現在室內呢？事實上在建築物裡，有著人類所儲藏的食物、日常用品，而且常年溫暖，這對一小部份的昆蟲來說，是相當理想的生活環境。甚至家具，以及人類和寵物的毛髮、皮屑，都能成為特定昆蟲的食物。不過，通常生活在居家室內的昆蟲，行蹤都很隱密，並不是時常能夠見到，且許多種類的體型很小。也因為如此，儘管牠們長期伴隨我們左右，多數人卻對牠們相當陌生，甚至叫不出這些昆蟲的名稱。

　　居家環境畢竟經常有人整理，如果是時常打掃的乾淨住家，要找尋昆蟲，可能就得多花點時間，甚至碰碰運氣。但是，若你有足夠的耐心，一旦找出這些外表、行為各異的昆蟲，牠們所包含的種類數目，可能會超乎許多人的想像。那些會在屋子裡活動的小蟲，可不只是蚊子、

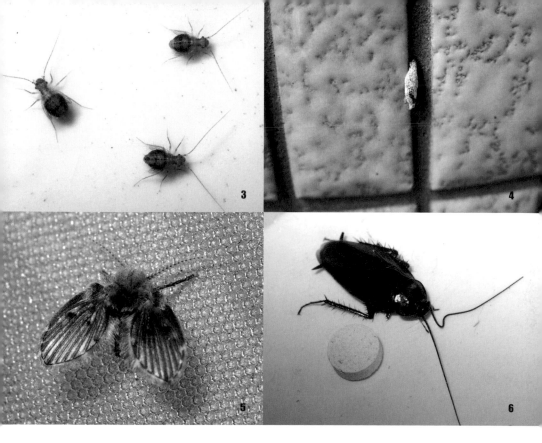

蒼蠅這些常見的種類,在房間、廚房及廁所,還可能存在一些體型微小的昆蟲,例如衣蛾、嚙蟲,以及一些小甲蟲。

　　雖然許多在屋子裡出現的昆蟲,大多不會危害人類的健康,但有時卻可能讓人覺得有礙觀瞻,造成生活上的困擾。也許在知道牠們存在的原因之後,你可以換另一種角度來思考,把牠們視作一般的昆蟲來看待,其實牠們是一群很特別的觀察對象。

1　室內環境是部份昆蟲喜愛的生活場所。
2　囤放食物的地方常會見到菸甲蟲(*Lasioderma serricorne*)。
3　在牆上活動的擬竊嚙蟲(*Psocathropos* sp.)。嚙蟲這類昆蟲的體型很小,很多人往往忽略了牠們的存在。
4　衣蛾(*Phereoeca uterella*)幼蟲的簡巢。衣蛾是生活在室內的小型蛾類,牠們的簡巢在室內牆壁上極常見。
5　白斑蛾蚋(*Telmatoscopus albipunctatus*)。浴廁常見的小型昆蟲,喜歡陰暗的環境,幼蟲生活在水槽或積水中。
6　擺在室內的蟑螂屋常會捉到棕色蜚蠊(*Periplaneta brunnea*)。

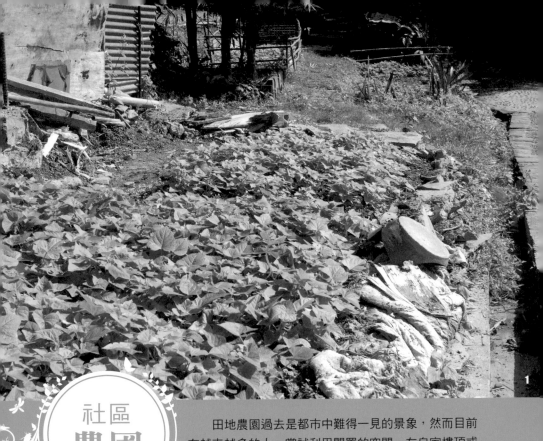

社區農園

　　田地農園過去是都市中難得一見的景象，然而目前有越來越多的人，嘗試利用閒置的空間，在自家樓頂或者住宅附近搭建田地菜園，作起了城市農夫。在都市裡的農園，當中所栽種的作物，通常為蔬菜、瓜果類，尤其是生長期短的葉菜類蔬菜最為常見。有許多民眾傾向採取有機栽培的方式耕種，也就是不使用合成農藥與化學肥料的耕種方式，如此不僅可以吃得更安心，對於都市容貌還有美化的效果。

　　這類環境中的植物除了人類所需要的作物，還包括自然生成的雜草，通常植物加起來種類並不算多。於當中繁殖的昆蟲，常出沒在作物間或土壤裡，常見者包括蛾類、蝶類、蝗蟲、蚜蟲等，牠們也常會引來草蛉、寄生蜂等天敵。

　　當然，會在此出現的昆蟲，有不少是吃食作物，被農圃經營者視為是有害的種類。這些昆蟲原本居住在野外，但偶然接觸到人類栽培的作物，遂在此繁殖，因而造成作物受損、影響收成。因此只要有作物，就會有所謂的

「害蟲」。而且加上這些植物通常都集中一起培育，對植食性的昆蟲來說，恰好成為充裕的食物來源，而苗圃裡的天敵又相對比野外環境來得少，每當昆蟲大量發生時，也常讓城市農夫大感頭痛。

1 都市裡的農地多半以栽種短期的蔬果為主。

2 白粉蝶（紋白蝶，*Pieris rapae*）。牠們的幼蟲以十字花科、白花菜科、金蓮花科之植物為食，在農圃裡的數量極多。

3 小菜蛾（*Plutella xylostella*）。世界上有名的蔬菜害蟲，常出現在十字花科作物上。

4 六條瓢蟲（*Cheilomenes sexmaculata*）主要以蚜蟲為食，所以被視為益蟲，在苗圃或庭園均很常見。

5 桃蚜（*Myzus persicae*），十字花科、茄科作物上常見的一種蚜蟲，牠們尤其偏愛聚集於植物的幼葉與嫩芽部位。

6 銀葉粉蝨（*Bemisia argentifolii*）。牠們的身體覆有白色蠟粉，總是成群出現，看起來就像是植物上佈滿了白色的粉塵。

近郊
山區

如果想要觀賞數量更豐富、種類更多樣的昆蟲，那麼就前往大自然吧。嚮往郊野的你，其實不太需要煩惱交通上的問題。有不少的好去處，包括馬路邊的小山、街巷旁的自然步道，本身就座落在都市旁，甚至位居都市中，就算沒有自備汽機車，也隨時可以搭乘大眾運輸工具遠離塵囂。

這類地點通常都位在低海拔山區，其中的生態系主要生產者大多為闊葉樹，這些樹木的樹冠層，有著豐富的枝葉、花果，所以成為許多植食性昆蟲的重要食物來源。而昆蟲則是數量最多、種類最廣的消費者，通常棲

息樹冠層的昆蟲數量會是最多的，例如許多蛾類、蝶類的幼蟲。每逢樹冠層開花，花的色澤與香氣也將吸引許多訪花性昆蟲，並連帶引來若干捕食性昆蟲。也有不少昆蟲會棲息在樹幹上，藏身於樹皮或樹洞間。夏天時，一些樹種如青剛櫟、栓皮櫟、櫸木等，樹幹也常會滲出汁液，金龜子、蛺蝶、長腳蜂等偏愛取食樹液的昆蟲常會前來覓食。在森林裡活動的這些昆蟲，牠們在食物鏈中位居要角，也有助於維持植物的組成，並幫助植物授粉。

1　近郊山區是找尋昆蟲的理想環境。
2　星天牛（*Anoplophora macularia*）。天牛是山區很常見的一類植食性甲蟲，多數天牛的幼蟲以取食枯木或活樹的木質部組織維生。
3　黃長腳蜂（*Polistes rothneyi*）。生活在低、中海拔山區，冬季以外均常見，常築巢於樹幹上。

山區的地表，也有許多較低矮的花草，以及植物的枯萎掉落物。由於地面上富含有機質，因此有很多機會可以找到在落葉層裡活動，以及偏好地表陰暗環境的昆蟲。此外有些郊山鄰近濕地，有著依山傍水的優勢，這類環境將有機會接觸到水棲性的昆蟲如蜉蝣、水棲性椿象以及蜻蜓等。

　　在不同的地點，當地所生長的植物，以及地形、自然環境等條件都不大一樣，當中存在的昆蟲種類也會因地而異，各處常存在一些特有的種類。如果該地區的自然環境越複雜，昆蟲種類的多樣性也將越高。

　　當各類環境都走了一趟，你可能會發現，在野外遇見昆蟲的機會，是比在住家附近高出許多的，畢竟牠們原本就是屬於大自然的成員，不是嗎？所以和山林野地比起來，尋找陽台或室內環境的昆蟲時，常常還是得提高注意力才行。不過，對於喜愛大自然的人來說，在生活周遭見到各種不同的昆蟲，仍然是件讓人感到欣喜的事情。

4　台灣稻蝗（*Oxya chinensis*）在平地與低海拔地區的草叢裡很常見。
5　鼎脈蜻蜓（*Orthetrum triangular*）是山區水邊常見的蜻蜓。
6　蜻蜓、豆娘的稚蟲生活於水中，俗稱水薑；此為豆娘的水薑。
7　大鳳蝶（*Papilio memnon heronus*）的幼蟲在低海拔地區很常見。
8　台灣擬騷斯（*Sympaestria truncatolobata*），一般在低海拔環境的草叢中活動。
9　荔枝椿象（*Tessaratoma papillosa*）成蟲在戶外相當常見。

公園
綠地

　　如果不往山裡跑，都市裡哪兒還能見到比較豐富的生物呢？大概非公園這類場所莫屬。這裡指的公園綠地包括一般我們所認知的公園、社區的小片草坪，以及栽植行道樹的公園道等環境。這類綠地向來是人工方式營造，以供民眾休憩為目的。而不少類似的環境也存在校園中，如學校的草皮與景觀植栽等。

　　雖然公園與校園中的綠地大多屬於人為建置的環境，然而此區域由於種有美化植栽，裡頭可見喬木、灌叢修剪成的綠籬、整齊的草皮，再加上各式花卉，這樣的環境也發展出一大片豐富的綠色生態。這類環境中的常見喬木如榕樹、楓香、茄苳、觀音棕竹、黃椰子；常見灌木如金露花、黃金榕、七里香等。

儘管由於人類的喜好，公園裡通常僅有少數幾種綠化樹種，某些外來種景觀植物也受到刻意的栽種，因此植物與昆蟲的多樣性無法與野外自然環境相比，但這裡仍然能夠觀察到不少適應力強的昆蟲，常見者如椿象、蝴蝶、蛾、螞蟻、螽斯、蝗蟲等。我們可以試著觀察樹木的葉子，以及草地、土壤與落葉，上頭都會有著習性各異的種類，稍作留意總會找到些蛛絲馬跡。有些公園裡頭也會有池塘或類似的親水環境，在氣候適宜的季節，則有機會觀賞蜻蜓與豆娘。

1　公園綠地是都會叢林裡的諾亞方舟。
2　行道樹上的黃斑椿象（ *Erthesina fullo* ）。常見的行道樹如樟樹、水黃皮樹幹上不難找到這些吸食樹液的椿象。
3　公園裡的金斑蝶（樺斑蝶，*Danaus chrysippus* ）正在吸食馬利筋的花蜜。馬利筋是常見的觀賞植物，它不但是金斑蝶的寄主植物，所開的花也常吸引蝶類前來吸食。

不過這類場所或多或少會面臨定期除草、施工等措施，甚至周期性的消毒、噴灑除草劑，因此有時昆蟲的族群會比較不穩定，能夠觀察的目標可能會時有時無。但是，當前有越來越多以標榜生態為理念的，以自然方式營造及維護的公園，這類公園裡頭的生物便較不會受到人為的干擾，是相當值得推薦的賞蟲好去處。

---

4 榕樹薊馬（*Gynaikothrips uzeli*）。道路旁的榕樹上可以發現這些小蟲子。
5 紅后負蝗（*Atractomorpha sinensis*）。牠們不管是野草或作物都吃，因此在公園裡或農地都有機會見到。
6 寬腹螳螂（*Hierodula bipapilla*）的若蟲。常見的中大型螳螂，牠們常躲在草叢裡伏擊獵物。

Chapter 2

窗邊的
訪客

秋天
來訪的
蜻蜓

在蜻蜓的生命過程中，有大半時間都是在水裡的，只有成蟲期才會脫離水生活，所以牠們大多會在乾淨的淡水水域附近活動。

在自然環境裡，依水域的性質，我們所見到的蜻蜓種類也略有不同。有的蜻蜓常見於靜態水域如池塘、湖泊或沼澤；有的種類則偏好棲息在流動性的河流、小溪或溝渠周遭。而蜻蜓的存在與否，與水源的清潔程度密切相關，因此蜻蜓也是一種監測水域環境優劣的生態指標。

不過在都市裡，水域環境往往並不多見，若想在有人居住的都市找蜻蜓，除非是在公園或排水溝這類有水源的地方，可能才比較有機會找到。所

以說，蜻蜓算是市區裡比較難見到的生物，也許不少人心裡是這麼想的吧。

但蜻蜓除了在水邊活動，其實也有一些特例。有種蜻蜓常年都會造訪我家的陽台，就在這種四周沒有溪河，只有菜市場、便利商店、馬路與高架橋的環境裡，這地方確實非常的人工化。這種蜻蜓每次出現，停留的位置都相當固定，低矮的地方不碰，總是選擇較高、較顯眼的位置停棲，最常就是吊在那些長得較高的盆栽上。每次來訪，往往是在清晨和夜晚這段氣溫較低的時刻。

1　以廣角鏡頭拍下窗前的薄翅蜻蜓（*Pantala flavescens*）。
2　停在公寓陽台的薄翅蜻蜓。

3
4

　　這種蜻蜓名為薄翅蜻蜓。也有人稱牠們為群航黃蜻、黃蜻蜓，大概是因為牠們的外表以橘黃色為主。薄翅蜻蜓原本就分布相當廣泛，不但台灣全島可見，也是世界上常見的種類。在台灣尤其在秋季時特別容易見到，山區時常可見牠們成群飛舞。每次牠們飛到我家裡來，時間也幾乎集中在秋季。從前偶爾有機會在市區的建築物見到這種蜻蜓，不過在自家陽台碰到，應該算是比較稀奇了。於是我開始留意並稍作記錄，看看牠們哪一年會缺席；結果一年、兩年、三年過去，每年都有出現！

　　有時在家門前發現了薄翅蜻蜓，為了靠近觀察或拍照而驚動到牠，結果往往迅速飛起，但總是飛到空中後，又持續盤旋了一陣子才離去。如果運氣好的話，隔一、兩天，又會發現那薄翅蜻蜓飛回陽台棲息，雖然不確定這位訪客是否仍為同一隻，或者其實換成了其它的個體來訪。

在我眼中看見生命光彩

　　薄翅蜻蜓的軀體大致呈金黃色，唯腹部背側有些許橘紅色區域及黑色斑紋，體長約六公分。黃褐色的胸部，側面略帶有灰白色，腹部背面有淡淡黑色條紋。巨大而帶有特殊光彩的複眼顯得特別醒目，上半部為鮮豔的紅褐色，下半部則呈現藍灰色色澤。蜻蜓的眼睛是由許多小眼組成的複眼，整體在身體中比例算是相當大的。由於亮麗的複眼色彩源自複眼中的液體，死亡後色彩往往也隨之消褪。兩對無色透明的翅膀，呈現出細緻的脈絡，更因此而得名。『本草綱目』中「大頭露目，翼薄如紗，食蚊虻，飲露水」正是形容牠最好的詞句，簡短又貼切的說明了牠的外表與習性。

薄翅蜻蜓有一個明顯的特色，牠們停棲時的姿勢與眾不同。大部分蜻蜓停棲時，姿勢一般呈水平式，即兩對翅膀平展，背面朝上、六足朝下的姿態。然而薄翅蜻蜓在停留時，雖然同樣是標準的翅膀平展，身體卻是以倒吊的姿態「懸掛」在植物上，頭上尾下，像是拉單槓一般的動作。其實這項特色也是辨識牠們的簡單方法。至於停棲時，會將雙翅豎起的種類則是俗稱的豆娘，而非蜻蜓。

輕盈身影行遍萬里

　　假如初見這些城市裡的蜻蜓，感到有些訝異是難免的，畢竟如前所說，蜻蜓通常會伴隨水域周邊環境出現。然而薄翅蜻蜓本身因為行動力強，因此分布範圍比較不受限制。薄翅蜻蜓在台灣幾乎全年可見，其稚蟲主要是在池塘這類靜態水域中生活。牠們有遷移的特性，再加上適應力強，甚至在都市裡都可以見到其蹤影。也曾見過這種蜻蜓在寬闊的草地上，成群結隊的集體盤旋，似乎沒有別的蜻蜓和牠們一樣如此的團結。

3　蜻蜓的複眼通常左右幾乎相連在一起。
4　趁著薄翅蜻蜓來訪，靠近拍下頭部的特寫。
5　停在盆栽上的薄翅蜻蜓，攝於2010年11月。

6

7

薄翅蜻蜓的身體相當輕盈，不但飛翔時較省力，更能藉著氣流做長時間的滑翔。西方人認為牠們的飛行姿態就像是在空中翱翔的迷你滑翔翼一樣，稱牠們為「漫遊滑翔機」（Wandering Glider）。

　　牠們也被認為是目前世界上分布最廣的蜻蜓。由於薄翅蜻蜓能夠長距離飛行，並且有集體遷移的行為，牠們的遷移能力更是舉世聞名。秋天的時候，甚至某些地區的海面上都可以看見薄翅蜻蜓。國外學者更發現，每年都有上百萬隻的薄翅蜻蜓從印度南部，跨越印度洋飛往非洲，做跨世代的遷徙，來回距離超過一萬公里！

6　陽台的薄翅蜻蜓，攝於2013年9月。
7　攝於2012年6月，薄翅蜻蜓停在陽台生鏽的鐵欄杆上。這次出現的時間比較特別，時間是在夏天。
8　豆娘的身體纖細，停棲時翅膀豎起。此為常棲息在濕地的豆娘，白粉細蟌（*Agriocnemis femina oryzae*）。

The Fascinating World of Urban Insects

如何分辨蜻蜓、豆娘？

　　蜻蜓跟豆娘是一樣的生物嗎？若從字面聽起來，「豆娘」顯得較為淑女，「蜻蜓」這個名詞則像是紳士一般。其實蜻蜓與豆娘在分類上屬於蜻蛉目底下不同亞目的種類。牠們有親戚關係，並且都是肉食性的昆蟲。那麼蜻蜓與豆娘，該怎麼分辨呢？

　　最明顯的差別，一般就是看停留時的姿勢了。豆娘停棲時翅膀往往會豎起、相疊，有些類似蝴蝶停棲時的姿勢；蜻蜓停棲時兩對翅膀則是攤平而不重疊的。另外我們也可以從牠們頭部的外觀來做區別。豆娘的兩顆複眼距離較遠，因此整個頭型彷彿就像啞鈴一樣；蜻蜓的複眼則通常左右幾乎相連在一起的，或是只稍微的分開，因此整顆頭近似球形。

　　其它的差別如豆娘通常體型比蜻蜓小，蜻蜓則是體型較大、較粗壯。蜻蜓兩對翅大小不同，後翅靠近身體的部分較寬些；豆娘則是兩對翅大小雷同等。下次經過戶外有水源的地方，不妨仔細找找，看看身邊出現的是豆娘還是蜻蜓吧！

8

椿象
的口味

　　某天到宜蘭拜訪朋友，發覺窗邊的盆栽聚集了一些小東西，湊近一看，原來是葉子給黃斑椿象產了卵，孵出了幾隻小椿象。兩週後，恰巧自家門口也冒出一批椿象的卵，這回孵出的是荔枝椿象。

　　這兩種椿象都是很普遍的種類，黃斑椿象在市區行道樹如樟樹、水黃皮、台灣欒樹的樹幹上時常有機會見到，荔枝椿象則常見其取食柑橘、龍眼等果樹，以及台灣欒樹，這些植物也是住宅區常見樹種。當然野外環境也有很多這些椿象的同伴。我原本想著可以趁這個機會稍微記錄牠們長為成蟲大約會多久，但這些椿象隨著齡期漸長開始四處遊走，紛紛爬

離原本取食的植物，全數從陽台消失，也許跑到隔壁住家去了。

椿象並不是甲蟲

　　椿象來作客的情形當然並不是第一次了。春、夏季裡，有時會有不同種類的椿象成蟲飛到自家窗前。家人見到這些椿象，總誤以為是天牛或金龜子。椿象的外表可能常讓人搞不清楚牠們跟甲蟲有什麼差別，但其實椿象並

1　盆栽葉子上的黃斑椿象（*Erthesina fullo*）一齡若蟲。
2　行道樹上的黃斑椿象，牠們在社區中很常見。
3　都會的行道樹找得到黃斑椿象。
4　交尾中的黃斑椿象成蟲。

不是甲蟲，牠們是屬於半翅目異翅亞目的一群昆蟲。從成蟲外表來看，大部分種類的椿象，前翅前半部為厚硬的革質，後半部則為柔軟而略帶透明的膜質，牠們的頭部具有能夠刺穿植物組織的「刺吸式」口器。

以生長過程來說，半翅目的椿象是屬於「不完全變態」的昆蟲。一般不完全變態的昆蟲，發育過程是不經過蛹期的，其幼生期稱為「若蟲」，若蟲的外觀與成蟲較為相似，尤其接近終齡時，外表宛如缺少翅膀的成蟲。然而鞘翅目的甲蟲則是「完全變態」的昆蟲，完全變態的昆蟲，幼生期外觀與成蟲則大不相同，稱為「幼蟲」，且發育過程會經過蛹的階段；例如甲蟲之中的獨角仙，其幼生期便是呈柔軟的「蠐螬」狀，和成蟲有著非常大的差異。

聰明避敵法的臭蟲

似乎很少有人會喜歡椿象，或者願意去飼養椿象，不像一些甲蟲玩家著迷鍬形蟲那般的狂熱，理由之一大概是基於椿象的食物需求。椿象的種類多樣，牠們之中包含植食性或肉食性的種類。植食性的椿象主要以刺吸式的口器插入植物中，吸食韌皮部汁液，肉食性種類則是以吸食獵物的體液維生。

5　孵出黃斑椿象的虎紋格距蘭盆栽（椿象在右上角）。
6　盆栽葉片上的黃斑椿象二齡若蟲。
7　黃斑椿象二齡若蟲的斑紋十分豔麗。

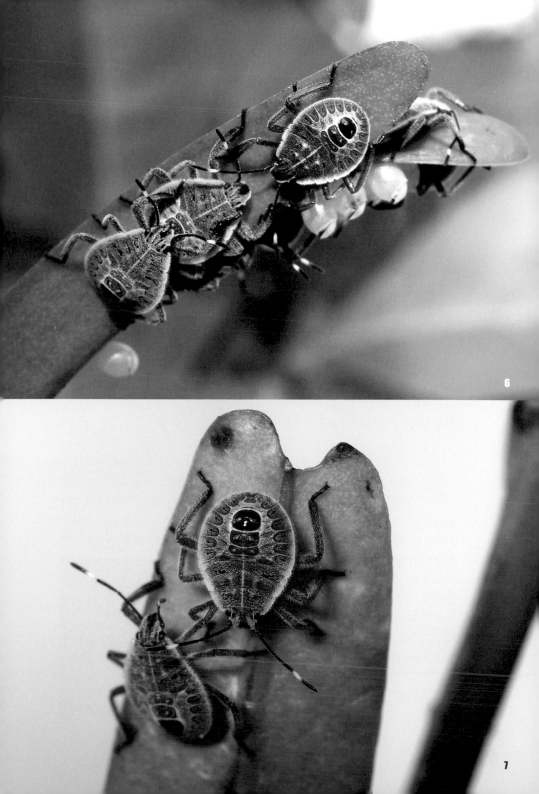

6

7

8

以植食性的種類來說，如果想飼養，必須每天準備新鮮的植物讓椿象吸食，而不同種類又有各自專屬的一批寄主植物，這並不是件容易的事。

　　另外一個原因，大概就是椿象那讓人敬而遠之的特殊味道。散發異味，相信是很多人對椿象的第一印象。椿象的身體具有臭腺的構造，大部分椿象在感覺受到騷擾時，會分泌具揮發性的液體，這分泌液的氣味容易飄散，對天敵具有忌避的效果，能讓牠們免於遭受其它肉食性動物的捕食。假如有人試圖徒手捕捉椿象，很容易會沾到其分泌液，分泌液看起來是黃褐色的，聞起來有一股刺鼻的腥臭味，附著在皮膚或衣物上的分泌液也不容易清洗去除，因此椿象常被稱為「臭蟲」，閩南話則稱牠們為「臭腥龜仔」。這樣的習性是許多椿象的共同特徵，儘管也有部分種類的椿象是不會分泌臭液的。

9

10

　　早期台灣曾發生過俗稱床蝨、臭蟲的小蟲子，其實就是一種以脊椎動物血液為食的椿象，這種椿象翅退化，白天藏匿在住宅的角落，夜晚爬出吸人血。不過在台灣的衛生環境改善後，這種會吸血的椿象已不多見。

　　過了一陣子，有一次我不經意在公園觸碰到了一隻停棲在欄杆扶手的黃斑椿象成蟲，手指沾附到了少量分泌液，突然覺得那味道非常的熟悉，聞起來像極了芫荽這種香料植物。以往接觸椿象，只覺得那濃烈的氣味令人不敢恭維，從沒想過少許的量聞起來會如此類似芫荽，而且不覺得臭。芫荽，俗稱香菜，就是那種會灑在豬血糕上的綠色葉子，也是麵食裡常見的佐料。那麼其他人又是怎麼看待這味道呢？

　　後來我陸續在國內外的一些報章雜誌讀到了這樣的說法：有很多人不喜歡芫荽的氣味，他們覺得這味道相當腥臭，甚至一聞到就會覺得噁心反胃，這當中也有人表示，這味道之所以討厭，就是因為它很像椿象所散發出

8　　紗窗上孵出荔枝椿象的一齡若蟲。
9　　荔枝椿象（*Tessaratoma papillosa*）將卵產在居家紗窗上。
10　　荔枝椿象的臭腺發達，分泌液易引起皮膚過敏，應避免與之接觸。

來的臭味！再看看芫荽的英文Coriander，這個字正是衍生自椿象的希臘文Koris，這說明了當初命名的端倪。原來，椿象跟芫荽氣味類似這件事早已不是新聞，歐洲人在千百年前就這麼認為了。

入菜好滋味的蟲蟲香

讓兩者氣味相似的原因，主要是椿象和芫荽的氣味中具有某些相同的醛類化合物，因此聞起來如此類似。怪不得有一種椿象「九香蟲」，可以作為藥膳的配方，據說加入食材炒熟可變成一道香噴噴的養生料理，那料理本身的香氣大概就類似芫荽的調味效果吧。雖然對於不喜歡芫荽的人來說，恐怕同樣難以接受那味道。

其實，有些椿象還挺討人喜歡的。比方說，除了九香蟲這種椿象因可作為藥膳、中藥而聞名，另有一種水棲性的椿象「印度大田鱉」也被用於食用。印度大田鱉在東南亞為著名的食材，加入這種食材的料理，會有一種獨特的香味，很受當地人歡迎。據說早在漢朝時，古代的南越國便已將這類大田鱉作為進獻給漢朝的貢品。儘管有的椿象不太受歡迎，甚至會為害農作物，但當中還是有不少對人類有益的種類，或許在眾多的椿象裡，仍有不少有用的資源有待我們去發掘。

11 九香蟲（*Coridius chinensis*）一般以野生瓜類為食，故又有「瓜里香」之稱。
12 九香蟲因可作為藥膳、中藥而聞名。

12

蚜獅
與優曇華

一片綠色的空間裡，上演了一場殺戮戲碼。蚜獅伸出了那鉗子般的口，伏擊一隻樹葉上的木蝨。木蝨被緊緊咬著，漸漸失去了行動力，終至體液遭吸盡而喪命，徒留一具殘骸。而這一切，就發生在一只小小的花盆中。這蚜獅究竟是怎麼樣的生物呢？

常見的益蟲──草蛉

「蚜獅」是草蛉幼蟲的俗名。由於牠們為捕食性，食量大，專門獵食小型昆蟲，有如一隻尖牙利齒的猛獸，又常見以蚜蟲等小昆蟲為食，因此俗稱蚜獅。草蛉的幼蟲具有專門用來獵食的鉗狀口器，取食時能夠將之刺入獵物的身體，並將消化液注入其體內，一面吸食其體液。

　　儘管幼蟲的外表給人一種兇殘猙獰的印象，草蛉的成蟲則顯得輕盈纖細，貌似柔軟而嬌弱。成蟲外觀常呈綠或褐色，具有細長的腹部，以及兩對光滑的翅。綠色的草蛉，看起來有如晶瑩剔透的翡翠。

　　在台灣不管平地或山區環境，或者農地、住宅區，都有不同種類的草蛉在這些場所生活著。一年四季都有機會找到草蛉，尤其在春季及夏季特別容易發現牠們在草叢或樹間活動。

　　草蛉幼蟲有一特殊習性，牠們會將行走時碰到的小碎物黏附在自己的背上，用以偽裝自己。這些小碎物通常為植物碎片、吸食過的獵物屍體。因為這善於偽裝的習性，加上本身體型微小，因此幼蟲的外表看起來就像一團碎屑、鳥糞，平時難以讓人看清牠們的面貌。

1　　安平草蛉（*Mallada desjardinsi*）的幼蟲捕食柑橘木蝨。
2　　一種草蛉的幼蟲頭部特寫。
3　　鉗狀的大顎是草蛉幼蟲可靠的狩獵武器。
4　　安平草蛉的幼蟲。

5　　　　　　　　　　　　6

　　由於草蛉幼蟲能捕食介殼蟲、蚜蟲、木蝨、粉蝨以及蛾類的卵等，對作物的栽培有益，因此對人類而言極有用處。尤其是那些專門吸食植物汁液的小蟲子，牠們當中有許多種類都是為害農作的大害蟲。

　　也正因為如此，草蛉成為農業上生物防治的好材料，部分種類也被商品化量產販售。國內或歐美日各國，都曾使用草蛉於害蟲防治的用途上，用來抑制柑橘、番茄、玉米等作物上的害蟲發生。

7

8

　　至於草蛉成蟲的食性，則是因種類而異。部分種類的成蟲如幼蟲般同為捕食性，而有些種類長為成蟲後則改為茹素，僅以花粉或花蜜為食。

　　像草蛉這類捕食性的動物，必須獵捕其它種類的動物，將之作為食物，以讓自己生存下去。大自然中，這些捕食性的昆蟲天敵，牠們的存在也有其道理，因為藉由不同物種之間的食性關係，可以控制其它生物的數量，維持食物鏈的平衡。

遍地開花的優曇婆羅

　　草蛉的卵，是一種令人驚奇的事物。大部份種類的草蛉在產卵時，會先以腹部分泌出一條絲線狀的卵柄，接著再產下卵。卵本身呈橢圓形，連著這道卵柄，直立或垂掛在物體表面，成為昆蟲當中與眾不同的卵形態。偶爾大發生時，一條條的卵成為人類眼中的奇觀。

　　草蛉卵的外形，可能是因為貌似一朵迷你版的花蕾，似乎被認為與佛教經典中記載的植物「優曇華」相似，因而宗教界偶有將草蛉卵誤認為優曇華的新聞事件。

　　優曇華，或稱優曇婆羅花，據說這種桑科植物分佈在印度，三千年才開一次花。此花清新脫俗、尊爵不凡，原只見於仙界，若降臨人間，象徵祥瑞之兆。然而，事實上一些報紙或新聞網站隨報導所附的優曇華照片，清一色是草蛉或其相近種類的卵，這誤會可大了。等到這種「花」綻放了，裡頭可是會誕生出一隻隻吃葷的昆蟲。

　　你曾見過這難得一見的奇景嗎？只要有耐心，這種常見的「花」，或許過幾天你也可以親眼目睹。

5　宛如晶瑩剔透翡翠的安平草蛉。
6　安平草蛉的成蟲外觀，貌似柔軟而嬌弱。
7　草蛉幼蟲身上總是背著一坨偽裝物。
8　草蛉的繭，直徑約3~3.5公釐。
9　三千年開一次的優曇婆羅花？其實是草蛉的卵。
10　幼蟲孵化留下的空卵殼，像不像一朵小白花？

介殼蟲
的依存物語

有種植盆栽的家庭，對介殼蟲這類生物可能會相當熟悉。每一年、每隔一陣子，我家中便會出現一群群白色的臀紋粉介殼蟲，聚集在一塊，吸食著植物葉片、莖的汁液。牠們的身體扁平橢圓，表面因布滿了蠟質粉狀分泌物而呈白色，看似柔軟而脆弱。

見到的這些介殼蟲族群幾乎都是雌蟲。由於許多介殼蟲可直接行孤雌生殖，也就是不經交尾就能產下後代，因此雄蟲算是相當罕見。雖然行動緩慢，然而雌蟲一生的產卵量可是高達上百粒，繁殖力相當的驚人。臀紋粉介殼蟲在產卵時會分泌大量白色如棉絮般的蠟質卵囊，將卵產於其中，新生若蟲孵化後便鑽出卵囊，開始在植物表面活動。許多的成蟲和若蟲往往喜歡聚集在莖葉、枝條的交界或分支處。

介殼蟲的出現，也陸續吸引其他的昆蟲前來，展現了一場微型生態系裡的互動。

1

1　臀紋粉介殼蟲那外觀如棉絮般的蠟質卵囊。
2　臀紋粉介殼蟲（*Planococcus* sp.）。
3　臀紋粉介殼蟲

4
5

嚐甜頭的螞蟻

首先是被介殼蟲所吸引的熱帶大頭家蟻，開始頻繁的在介殼蟲周圍爬行。熱帶大頭家蟻是熱帶與亞熱帶地區常見的螞蟻，這種螞蟻外表偏深紅色，常築巢於土壤或石縫中，偶爾也會在人類房舍中出現。熱帶大頭家蟻的族群有一項明顯的特色，就是牠們具有工蟻和兵蟻兩種階級。圍繞在介殼蟲身邊的多半是熱帶大頭家蟻的工蟻，此外還有一種體型較大的兵蟻，但在植物上似乎較少見到。

部分半翅目的昆蟲如介殼蟲、蚜蟲、粉蝨等能夠分泌蜜露。螞蟻常在介殼蟲周圍出沒，其實就是為了吸食介殼蟲提供的蜜露。為了這樣的目的，熱帶大頭家蟻會照顧這群介殼蟲，並協助驅趕試圖接近的瓢蟲或寄生蜂等介殼蟲天敵。會產蜜露的昆蟲，特別是蚜蟲，常被比喻成「螞蟻的乳牛」，就像人類飼養牛的情形；乳牛供應鮮乳，人類則負責照料乳牛。

介殼蟲和螞蟻的關係，也與蚜蟲類似。所謂的「蜜露」其實是介殼蟲的排泄物，只是當中仍含有許多未被消化的營養物質，包括醣類、蛋白質、礦物質、維生素等，成為螞蟻嗜食的營養品。而蜜露中佔大部分比例的物質為醣類，因此會帶有甜味。不同種類的介殼蟲或蚜蟲，排出的蜜露成份組成也會略有不同。

6

　　然而這些蜜露在較不通風的環境常會引起俗稱煤煙病的病徵，這類情形通常是植物表面長出了一層絨毛狀的物質，就好像抹了一層煤，其是這是因為蜜露孳生了大量真菌類。儘管真菌不會直接危害植物，但是卻會妨礙植物的呼吸以及光合作用，間接的造成植物體生長不良，害處不小。

吃葷的瓢蟲

　　臀紋粉介殼蟲所吸引來的，可不只是牠們的盟友，還包括了危及身家性命的天敵。在介殼蟲棲息處的附近，植物的葉子上總會出現虎視眈眈的孟氏隱唇瓢蟲。

　　這種肉食性的瓢蟲，過去是為了生物防治的目的而引進台灣，現在已經變得極為常見。這些瓢蟲嗜食介殼蟲以及介殼蟲的卵，常會出現在公園、校園這類環境，就連一般四、五層樓高公寓中的盆栽都看得到牠們，只要見到牠們出現，幾乎都是伴隨著介殼蟲的發生。孟氏隱唇瓢蟲生性非常的敏感，只要一點點動靜，牠們馬上從枝葉上滾落，讓人無法找著。牠們外表並不醒目，比起一些我們所熟知的瓢蟲，除了體型小，也沒有引人注目的花紋。我

4　熱帶大頭家蟻（*Pheidole megacephala*）的工蟻。
5　熱帶大頭家蟻會照顧介殼蟲，協助驅趕試圖接近的瓢蟲或寄生蜂等介殼蟲的天敵。
6　圍繞在介殼蟲身邊的多半是熱帶大頭家蟻的工蟻。

們可以從孟氏隱唇瓢蟲的足來判斷牠們的性別，雄蟲的第一對足為橘紅色，雌蟲第一對足則為黑色。

當然如果狹路相逢，熱帶大頭家蟻會攻擊這些試圖捕殺介殼蟲的瓢蟲。但似乎成效不彰，可能是瓢蟲的食量太大了，行動力又強，通常幾隻瓢蟲來訪後，過沒幾週，介殼蟲大軍便幾乎消失無蹤，大概都讓瓢蟲給吃光了。之後再過幾個月，介殼蟲總會再自動冒出來，並且又重覆的引來螞蟻與瓢蟲。

介殼蟲是個龐大的家族，牠們種類繁多、形態各異。有部分種類的介殼蟲因為會固著在植物表面，也就是把身體固定在選定的位置，大半輩子不移動，外表包覆著一層蠟質的「介殼」，所以這群生物因此得名介殼蟲。雖然許多介殼蟲是不少樹木或花卉上的害蟲，其實也有某些種類的介殼蟲具有商業價值。例如有一種取食仙人掌的介殼蟲「胭脂蟲」，原產於中南美洲，採收後萃取之，可以從蟲身獲得紅色顏料「洋紅」的原料。女性愛用化妝品中，某些鮮豔色料的成分可能就是來自該種介殼蟲。

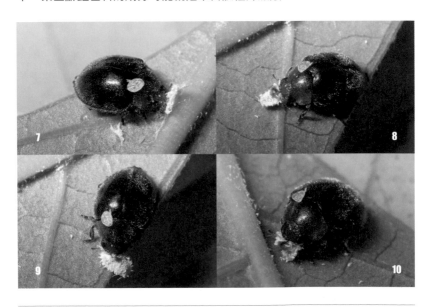

7　孟氏隱唇瓢蟲（*Cryptolaemus montrouzieri*）正在捕食臀紋粉介殼蟲。
8　孟氏隱唇瓢蟲成蟲的體長約3.8~4.5公釐。
9　植物的葉子上總會出現對介殼蟲虎視眈眈的孟氏隱唇瓢蟲。
10　孟氏隱唇瓢蟲嗜食介殼蟲以及介殼蟲的卵。

Chapter 3

蝴蝶
伴你我

在自家觀察鳳蝶

曾在自家陽台見過蝴蝶嗎？有種蝴蝶專門造訪民間鄉里，「蝶」跡遍及北中南，甚至在都市裡反而比郊外更容易見其芳蹤，牠們就是陽台上最引人目光的「花鳳蝶」。

花鳳蝶又稱「無尾鳳蝶」，牠們可說是最接近都市、最靠近你我週遭的蝴蝶。如果有人問我台灣都市裡哪種蝴蝶最具代表性，我的答案肯定就是花鳳蝶。牠們廣泛生活在平地、

低海拔地區，幾乎四季都可以見到，相信很多人都曾見過牠們。觀察昆蟲可不一定要到戶外，只要居家周遭有適合的環境，有時牠們可是會主動找上門來的。

1　花鳳蝶（*Papilio demoleus*）是最靠近你我周遭的蝴蝶。
2　翅膀上黑白相間的花紋，配上些許橙色、藍紫色的色塊，彷彿一身華麗的衣飾，完全吻合「花鳳蝶」之名。
3　觀賞性的開花植物，偶爾也可見花鳳蝶為吸食花蜜而出現。
4　社區公園裡的花卉或野草，有時能見到花鳳蝶前來訪花。

卵　5

一齡幼蟲　6

二齡幼蟲　7

三齡幼蟲　8

四齡幼蟲　9

五齡幼蟲　10

　　「鳳蝶」是一群美麗的大型蝴蝶。常見的鳳蝶通常翅膀寬闊，體型大而豔麗。看看牠們翅膀上黑白相間的花紋，配上些許橙色、藍紫色的色塊，彷彿一身華麗的衣飾，「花鳳蝶」的名稱真的恰如其分。此外，許多鳳蝶的後翅具有貌似尾巴的突起物，但花鳳蝶則屬例外，這也是為什麼牠們又俗稱「無尾鳳蝶」的原因。

觀察花鳳蝶的一生

　　哪些地方容易見到牠們呢？和牠們有些接觸經驗的人可能會知道，通常有在陽台種植花花草草的住家，便時常有機會見到這些傢伙。這是因為牠們的出現，其實主要是受其幼蟲的食物——柑橘類植物——吸引而前來產卵，延續薪火相傳的使命。因此，在居家陽台若有栽植金桔、檸檬、柚子等的盆栽，或者一些花卉，就非常容易吸引花鳳蝶前來。此外，住家栽種一些觀賞性的開花植物，牠們偶爾也會為吸食花蜜而出現。

　　別看牠的體型碩大，飛行的技術可不差，若翩翩飛舞的花鳳蝶來訪，當你欲上前看個仔細、或是徒手捕捉，牠往往一溜煙的就飛離了你的視線。儘管牠們往往都只是短暫停留，又匆匆離去，不過牠們所留下的後代將會在庭院裡慢慢長大。

　　一旦偶然發現花鳳蝶出現在陽台，我們便可以試著找看看樹葉上是否

蛹　　　　　　　　　　　　　　　　成蟲

11　　　　　　　　　　　　　　　　12

有牠們的卵，隔幾天後也可再找找是否有幼蟲出現。有興趣的話，更可以進一步的觀察，看看牠們一生的變化。當然這裡指的樹葉是柑橘類的葉子。若想要觀察或記錄牠們的生活史，你可以直接在盆栽上進行，或是挑選一、兩隻幼蟲，並準備好足夠的嫩葉，放在簡易容器裡頭飼養。只要肯用心觀察牠們，就有機會目睹毛毛蟲成長為蝴蝶的奧妙過程。因為不需要花錢購買，又極容易飼養，牠們簡直是最棒的生物入門教材！

　　花鳳蝶一生歷經卵、幼蟲、蛹、成蟲四個階段。黃色球狀的卵，直徑只有約一公釐大，雌蝶產下卵後，幼蟲在幾天後便會陸續孵化。我們可以發現，這些幼蟲有兩種外觀，首先是黑色帶有白色條紋，像極了鳥糞的外表，另外一種，則是體型較大的綠色幼蟲。在成長到一定程度後，將會步入蛹期。幼蟲化蛹前會吐絲把身體固定在枝條上，隨後化蛹。最後便是羽化為成蟲，也就是蝴蝶的階段。

　　昆蟲在幼蟲的時期是以「齡期」作為衡量年紀的依據。甫出生的幼蟲為「一齡」，之後每脫一次皮便會增加一個齡期；齡期的概念有些類似我們所謂的年齡歲數，但是時間的尺度上短得多。花鳳蝶幼蟲共分五個齡期，一到

5-12　花鳳蝶的一生，這樣的過程我們可以在盆栽上觀察到。卵直徑約一公釐，一齡幼蟲體長約2.5~3公釐，五齡幼蟲體長約4~4.5公分。

四齡時皆是黑白鳥糞狀,當五齡時則會搖身一變,成為綠色外表的毛毛蟲。花鳳蝶的整個幼蟲階段只需約二到三個星期,蛹期一般短則一、二週,長則不超過二個月。成長期隨溫度高低而不同,天氣溫暖的時候發育較快,冷的時候則長得較慢,快的話在夏天約一個月左右就可以看完由卵到蝴蝶的整個過程。

嚇阻敵人的臭角

第一次接觸花鳳蝶幼蟲的人,可能會被牠們胸前那特別的「臭角」給嚇一跳,而這也是幼蟲最有趣的地方之一。

臭角的顏色鮮明而且帶有臭味,是許多鳳蝶幼蟲特有的防禦器官。鳳蝶類的幼蟲可以將牠們所吃下的植物性成分,在體內合成具有特殊氣味的酸性物質,這些物質被貯存在臭角裡,每當受到驚嚇或攻擊時,牠們便會翻出此一構造,散發出不好聞之異味,藉以達到嚇阻、驅趕敵人的目的。不過平時的牠們,會將這構造隱蔽起來,必要時才會即時露出。臭角平時則是收摺在體內,使用時是藉由灌入體液而膨脹,就好像是在吹氣球一樣。伸出臭角時,牠們也往往會由口部吐出一些腸道內的液體,讓天敵感到噁心,以增加驅趕的效果。

蛹的生與死

花鳳蝶的蛹也有一些特別的地方。牠們的蛹有分綠色、褐色兩種,我們常常可以發現,通常綠色枝條上出現的蛹會呈綠色的,但蛹若是位在偏褐色的樹幹上則呈褐色。其實牠們是根據化蛹場所的觸感來決定變成什麼顏色的蛹,比較光滑的表面造就綠色的蛹,粗糙的表面則造就褐色的蛹。有機會可以觀察看看,在牆壁上的蛹會是什麼顏色?

當然在自然界中，花鳳蝶也是有天敵的。特別是在蛹期的時候，遭寄生蜂寄生的情形很常見。雖然這些寄生性的蜂類，因體型極小而不易讓人注意到，不過我們常有機會見到那些因被寄生而死亡的蝶蛹。如果發覺樹上的蛹過了很久都沒有羽化，顏色又變得怪怪的，那麼這個蛹可能是被寄生了。

　　一些寄生蜂會將後代產在蛹體內，讓自己的後代一邊取食蟲體、一邊成長，被寄生的蛹則逐漸衰弱、死亡。那些新生寄生蜂長大後便會離去，死去的蛹幾乎只剩下一層空殼，表面則會留下一個洞。其實不只是蛹，幼蟲被天敵捕食的機率也不低。住宅區常見的鳥類如白頭翁，便常會飛到住家陽台來獵捕幼蟲，然而因為鳥類的動作非常敏捷，不容易讓我們發現，我們往往只會覺得許多幼蟲突然消失了，其實這多半是給鳥兒吃到肚子裡了。如此弱肉強食的生態，就好像社會一樣的寫實，然而自然界就是這樣，除非是人為的飼養，任何一個物種的生長過程，往往是險象環生，隨時有死亡的可能。這似乎是在告訴我們，沒有完美的生命，現實也沒有想像中那樣美好。

13 第一次接觸花鳳蝶幼蟲的人，可能會被牠們胸前那特別的「臭角」給嚇一跳。

14 幼蟲的臭角平常是藏起來的，受到驚嚇時才會翻出。

15 被寄生的花鳳蝶蛹，表面留下的小洞是寄生蜂羽化後鑽出所造成。

16 蛹裡面的組織已被啃食殆盡，徒留空殼。

17 蝶蛹金小蜂（*Pteromalus puparum*），體長約3~3.5公釐，這種寄生性的蜂類常造成花鳳蝶蛹的死亡。

18 一隻初羽化的蝶蛹金小蜂，剛從花鳳蝶的蛹鑽出來。

花鳳蝶的化蛹過程

　　幼蟲經歷了多次蛻皮，終於長成終齡幼蟲。而當終齡幼蟲成熟時，牠將會停止進食，準備變成蛹了。此時會有一明顯的徵兆，即排出大量的潮濕糞便。這是因為許多鳳蝶在化蛹前會先將體內的糞便以及多餘的水分排出，因此當發現終齡幼蟲像是拉肚子一樣，排出許多混合著液體的糞便時，就表示牠不久之後便要化蛹了。

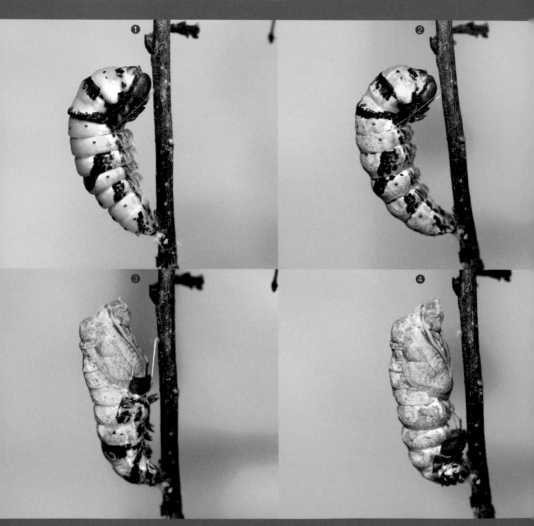

之後，牠會開始四處爬行，找尋適當的化蛹場所，這些場所包括寄主植物本身或其周圍隱蔽的枝條。當花鳳蝶幼蟲選定了化蛹的地點，幼蟲接著便吐絲固定住自己的身體，蛻去舊皮，轉變成蛹的模樣。

　　剛脫完皮的身體相當柔軟脆弱，一段時間後，才會逐漸硬化定型，完成化蛹。大部分昆蟲的蛹期是幾乎不活動的，通常僅有腹部能略微運動。

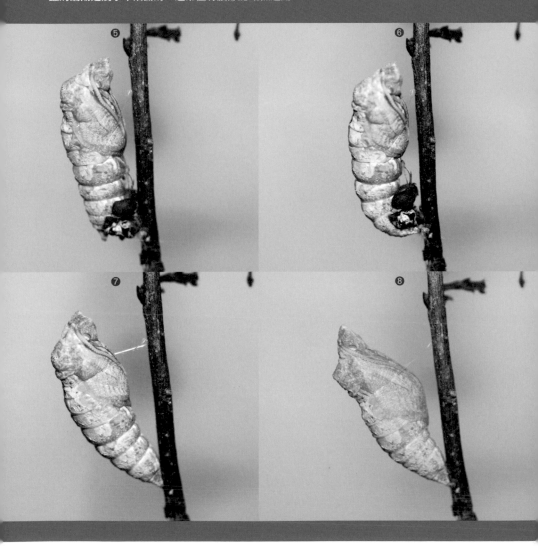

The Fascinating World of Urban Insects

花鳳蝶的羽化過程

　　蝴蝶羽化的過程非常的有趣，然而初次飼養花鳳蝶的人，可能會覺得羽化的時機不容易掌握。不過若想親眼見證羽化過程，我們可以從蛹的外觀來判斷，首先是顏色是否變深了。

　　當成體發育即將成熟，蛹的外觀便會漸漸透出發育中成蟲的體色，尤其若隱若現的翅膀的花紋往往特別明顯。此時，猶如成蟲的軀體藏在一只略呈透明的蛹殼中。當體色隨著時日逐漸轉深，意味離羽化的日子也愈來愈近。

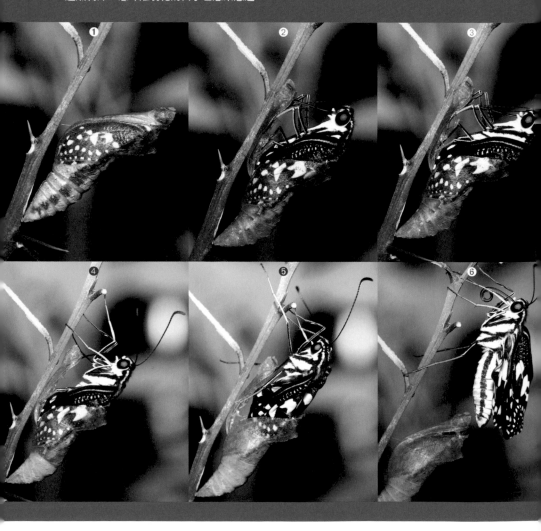

當花鳳蝶成蟲組織發育完成，成蟲隨即突破蛹殼羽化。脫離蛹殼的瞬間，通常發生在夜間或清晨；因此在白天通常不容易目睹這樣的過程。初羽化的成蟲會攀附在蛹旁的合適位置，將體液填充到翅膀中，並藉由重力的作用，伸展皺巴巴的翅膀。待翅伸展完全，靜待一段時間使其硬化定型，始能展翅飛行。在成蟲脫離蛹的同時，往往會伴隨著從腹部排出一些深色液體，此為蛹期所累積的代謝廢物，稱為「蛹便」。

漫遊 城市間的 小蝴蝶

每當走進公園裡，草地上偶爾可以見到灰色的小型蝴蝶，牠們多半是這種名為藍灰蝶（沖繩小灰蝶）的蝴蝶。有時在住宅區栽有植物的地方，也有機會見到這些蝴蝶的身影。我小時候自家樓下的停車場裡有一些花台，那兒便常有這種小型蝶類出沒，因此我童年時常追逐這些蝴蝶。牠們飛行的速度不會太快，尤其每當停下來訪花吸蜜時，很容易讓人靠近觀察。

都會現蹤

在台灣，藍灰蝶的成蟲在都會綠地裡幾乎全年可見。外形袖珍的牠們，喜歡在光線充足的草叢間，貼近地面飛行，同時造訪小花吸取花蜜。特

別是在學校、公園，這類環境裡的草坪上尤其常見。藍灰蝶廣泛分布於台灣全島平地至低中海拔地區，國外地區如中亞至印度、中國，朝鮮半島、日本等地也有分布。

　　藍灰蝶的觸角上具有黑白相間的環紋，灰色的翅膀上有許多斑點，翅邊緣並具有白色的微毛。牠們與相似種類之間，可依這些翅膀上斑點的排列來做區分。牠們被稱為「藍灰蝶」，主要是因為牠們的翅膀背側在陽光下具有淺藍色光澤的緣故；細看這些光澤，雄性又較雌性更為明顯。

1　剛羽化不久的藍灰蝶。
2　一隻停在校園草地上的藍灰蝶（ *Zizeeria maha okinawana* ）。

3

4

現代化都市社區中的綠地，除了可供人們休憩、放鬆心情，也提供藍灰蝶棲息的環境。牠們之所以在公園、校區中常見，這也與其賴以維生的寄主植物——黃花酢漿草的分佈有關。

追逐幸運的蝶

酢漿草（或稱酢醬草）這類植物是一般在草地上幾乎隨處可見的野草，這些多年生的草本植物，大家想必對它並不陌生吧？酢漿草的葉柄頂部長有三片倒心型的小葉子，非常容易讓人留下深刻的印象；也有人相信，若能找到四片葉子的酢漿草能夠帶來幸運。常見的種類有黃花酢漿草，以及另一種體型較大的紫花酢漿草。除了大小的差異，從名字便可得知，這兩種植物也可由紫色或黃色的花來區別。然而並非兩種酢漿草都是藍灰蝶的寄主植物，藍灰蝶幼蟲專門以黃花酢漿草為食，並不取食紫花酢漿草。

黃花酢漿草在都會區中的族群龐大，這些植物甚至比在荒野地區更佔優勢。它們的生命力強，且隨著匍匐在地面上蔓延的特性，能夠在草地上擴散繁衍。也因此，這種龐大的草本植物確保了藍灰蝶幼蟲充足的食物來源。而黃花酢漿草的果實在成熟之後，會裂開並彈射出種子，這樣的特性也能夠讓種子散布得更廣更遠。

通常在居家種植的盆栽，花盆裡頭也常長出不少的黃花酢漿草。這時你可能會發現有一種特殊的現象發生，這些酢漿草怎麼常常長出來沒多久就乾

5

6

---

3 一對正在交尾中的藍灰蝶。

4 藍灰蝶正在吸食咸豐草的花蜜。

5 黃花酢漿草（*Oxalis corniculata*）。

6 在低溫季節時，藍灰蝶翅上的斑紋會淡化，變得比較不容易辨識。

枯一片。明明沒有除草,這些雜草長出來沒不久總是莫名的消失。再仔細瞧瞧,原來黃花酢漿草的葉子都讓某種生物給吃掉了,少許殘留的葉子上還可以找到咬痕。而這吃黃花酢漿草的生物,當然就是藍灰蝶囉!也就是說,說不定你家裡的花盆裡,正藏著幾隻藍灰蝶的幼蟲呢。

和螞蟻當好朋友

藍灰蝶總是將卵產在黃花酢漿草的葉子上,生活其上的幼蟲,由於牠們的體型實在非常的微小,很不容易讓人察覺。如果有興趣,不妨任意選一叢黃花酢漿草試著找找看。就算一時之間找不到蟲,應該也能找到不少幼蟲啃食葉片留下的食痕,這可以做為找蟲的線索。牠們的幼蟲呈綠色或褐色,體短而扁,終齡時體型較大,較容易讓人給發現。藍灰蝶的卵,直徑只有約0.4至0.5公釐那麼點大,必須耐心些,這樣的尺度可大大考驗著人類的觀察力。

值得一提的是,藍灰蝶的幼蟲與螞蟻之間,具有特殊的共生行為。由於其幼蟲的腹部具有獨特的腺體,這構造讓牠們能夠運用自身的養份,分泌出

7　藍灰蝶的蛹。
8　在一只花盆上發現的藍灰蝶四齡幼蟲,以及四隻與之共生的熱帶大頭家蟻。這隻幼蟲體長約0.9公分;右上角體型較大者為熱帶大頭家蟻兵蟻,另三隻為工蟻。
9　藍灰蝶的卵,外觀呈扁圓形,一般會產在酢漿草的葉片上。這顆卵的直徑約0.5公釐。
10　剛孵化的藍灰蝶一齡幼蟲。
11　蝴蝶的觸角末端較粗,形態有如球棒,稱為「棍棒狀」觸角。但以觸角來判斷蝶或蛾,只適用台灣所產的種類。

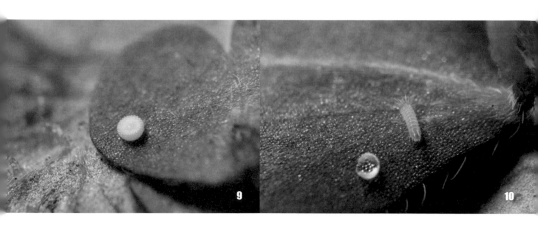

9   10

具有甜味的蜜露，因此能吸引螞蟻前來食用。螞蟻則以保護牠們作為回報，讓藍灰蝶幼蟲免於遭受天敵的捕食。不過藍灰蝶和螞蟻間的共生關係並非絕對，若在沒有螞蟻的情況下，牠們往往也能順利成長。

　　有時也可見到單獨的藍灰蝶成蟲，飛到居家處所停下，或者雌性個體前來尋找盆栽邊的黃花酢漿草產卵。這時若守在地面、窗邊觀察，便有機會觀察到藍灰蝶吸食花蜜，以及產卵的過程。

The Fascinating World of Urban Insects

蝶與蛾的界線

　　蝴蝶與蛾應該如何區分呢？一般蝶類與蛾類成蟲的區別為：蝶類的觸角為棍棒狀，通常外表鮮豔，靜止時翅豎起；大多於白天活動。蛾類的觸角則呈羽狀、絲狀或其他形式，外表較黯淡，靜止時翅平展；多半為夜行性或晨昏活動。

　　不過，這些區分法其實常有例外，有部分蝶類的外觀較樸素，蛾類中也有色彩亮麗的種類。蝶類中也有少數在夜晚活動的種類，如香蕉挵蝶；而蛾類中亦有白天活動的種類。有些蝶類停棲時翅膀並不直立背上，而蛾類中也有靜止時翅膀是直立的種類。

　　儘管大眾常認為蝴蝶和蛾的差異明顯，事實上「蝶」、「蛾」之間，在現代分類學上並沒有「非常明確」的界限。牠們在分類上是親緣關係非常接近的昆蟲。

11

巷弄裡的 紅色蝶卵

庭園造景中常見的觀音棕竹，是一種少有病蟲害發生的植物。雖然是外地引進的樹種，但因為廣受歡迎，現今在台灣已頗為常見。這次我們便來看看一種會出現在都會區裡，跟觀音棕竹有關的蝴蝶。

儘管一般認為少有蟲會去吃這種植物，

但其實在一些室外栽培的觀音棕竹，或是它的盆栽上，時常可以發現黑星挵蝶的卵——一種半球形的顆粒。這卵是紅褐色，表面有許多白色的波浪狀條紋，看起來就像一個迷你又精緻的草莓蛋糕。尤其雌蝶剛產下卵時，這時候

1 訪花吸蜜的黑星挵蝶。
2 黑星挵蝶的卵呈半球形。
3 儘管陽台盆栽的葉子上布滿灰塵，黑星挵蝶仍能產卵在此。
4 有著一雙大眼睛的黑星挵蝶。

5

的卵顏色最紅、最鮮豔，過一陣子後顏色會稍轉淡，變得紅白分明。

　　不過它畢竟是顆蟲卵，跟現實中的蛋糕比起來，尺寸當然是小得多囉。黑星挵蝶的卵，直徑只有約1.3至1.8公釐。值得一提的是，它在都市中就可以找到，市區裡的小巷子、公園，甚至居家庭院，注意一下身邊的觀音棕竹，或許就會有所發現。

小時驚豔但長大低調

　　這卵的主人長什麼樣子呢？雖然身為蝴蝶，又有蛋糕般外形的卵，但是跟一些「明星」物種比起來，牠們成體的外表可能稍嫌樸素了些。黑星挵蝶成蟲外觀底色是灰褐色，後翅腹面有約4至6枚黑色斑點，這是牠們的主要特徵；因後翅的黑斑，牠們被稱為「黑星」挵蝶。此外，在前翅背面、腹面則可見約7枚白斑。

　　黑星挵蝶生活在平地至低海拔地區，適應力強，郊野或城市中皆有分布，是相當常見的蝴蝶。或許不少人曾經見過這些卵，然而卻似乎從未看過牠們的成蟲現身，這是何故？這多半是因為成蟲本身色彩較不顯眼、體型小，同時牠們的飛行能力也不錯，行動敏捷，相較於牠們的卵，成蟲在都會區裡反而不太容易被人察覺到。

黑星挵蝶幾乎一年四季皆有發生，想親眼看看牠們的成蟲，不妨在公園、校園中的草坪找找，其實草地上見到的機率可不低。若有機會到山上走走，也可以稍微留意山路或向陽處的植物叢、野花，說不定有機會見到正在訪花、做日光浴的成蟲。

細心觀察的小驚喜

每當發現了紅褐色的卵，葉子上往往也可觀察到一些遭啃食的痕跡，這就代表除了零星的卵粒外，周圍很可能有著黑星挵蝶的幼蟲或蛹。雖然幼蟲也很常見，但因為牠們有造蟲巢的習性，會吐絲將葉子的一角反摺，使之成為略呈筒狀的蟲巢，幼蟲躲在其中，不知情的人往往不太會留意到牠們。蟲巢的隱蔽較果極佳，若不把葉片上反摺的部位翻開，外觀乍看之下只是尋常

5　停棲在向陽處的黑星挵蝶（*Suastus gremius*）成蟲。
6　黑星挵蝶的一齡幼蟲。
7　觀音棕竹（*Rhapis excelsa*）的葉子上有被蟲啃食過的痕跡。
8　黑星挵蝶的終齡幼蟲。
9　山棕上的黑星挵蝶蟲巢，幼蟲藏在其中。

的葉子罷了，而牠們大多也只有當需要進食時才會離開蟲巢。不過只要大略知道牠們的習性，這些幼蟲倒也不難找。

黑星挵蝶的一、二齡幼蟲體型細小，體色和牠們的卵較接近，為鮮明的紅色。不過等到齡期稍長後，便不再呈紅色，而會轉變為淺綠色的外觀。終齡幼蟲的外表淺綠，胸、腹部背側中央有一條深綠色的長條紋。終齡幼蟲發育成熟後，即會在巢中化蛹，因此蛹本身也是藏在蟲巢裡的。

除了人們大量栽培的觀音棕竹之外，還有許多棕櫚科的植物也是黑星挵蝶的寄主植物。國內引進的棕櫚科觀賞植物，常見者如黃椰子、酒瓶椰子、蒲葵、羅比親王海棗等棕櫚科園藝樹種，當然，在它們的葉子上都有機會找到黑星挵蝶的卵。另外，在戶外山區，野生的棕櫚科植物，如山棕、台灣海棗，我們也常能發現黑星挵蝶的卵或幼蟲。

當一棵樹上有少數幾隻的黑星挵蝶幼蟲出沒，通常對植物本身不會造成多大的危害，往往只是造成葉片的部分缺損。如能熟記這些卵、幼蟲的外觀，在住宅區或校園裡觀察，即可追蹤牠們的生長過程，倒也是不錯的生物教材。

10 黑星挵蝶的寄主植物之一，山棕（*Arenga tremula*），是常見的野生棕櫚科植物。
11 黑星挵蝶的寄主植物之一，羅比親王海棗（*Phoenix humilis*）。此為栽培種庭園樹木。
12 黑星挵蝶的寄主植物之一，蒲葵（*Livistona chinensis*）。常見的庭園樹木。

公園綠地的常見蝴蝶 ── 藍紋鋸眼蝶

　　又稱紫蛇目蝶，其幼蟲的寄主植物和黑星挵蝶大致相同，牠們同樣是以棕櫚科植物為食的蝴蝶，因此會在種植這類樹種的都市環境活動。公園裡的觀音棕竹有時可以發現牠們的幼蟲。然而紫蛇目蝶成蟲喜歡在陰暗環境活動，不同於偏好向陽環境的黑星挵蝶。

13

14　　　　　　　　　　　　　**15**

13　藍紋鋸眼蝶（*Elymnias hypermnestra hainana*）成蟲。
14　觀音棕竹上的藍紋鋸眼蝶幼蟲。
15　藍紋鋸眼蝶的蛹。

公園綠地的常見蝴蝶——青鳳蝶

又稱青帶鳳蝶，幼蟲以樟科的植物為食，包括常見的樟樹、土肉桂等。都市裡廣泛栽植或作為行道樹的樟樹，葉子上偶爾便能發現青鳳蝶的幼蟲，甚至見到成蟲前來產卵。郊外溪谷也常能見到成蟲停在水邊吸水。

16-17 青鳳蝶（*Graphium sarpedon connectens*）成蟲。
18　　樟樹葉子上的青鳳蝶幼蟲。
19　　青鳳蝶的蛹。

公園綠地的常見蝴蝶——金斑蝶

又稱樺斑蝶，已知其寄主植物為馬利筋、釘頭果這兩種蘿藦科的園藝植物。馬利筋是公園綠地中很常見的植物，所以在公園裡常有機會見到牠們。

20　金斑蝶（*Danaus chrysippus*）的成蟲。
21　金斑蝶的幼蟲出現在馬利筋上。
22　金斑蝶的寄主植物，釘頭果（*Asclepias fruticosa*）。
23　金斑蝶的寄主植物，馬利筋（*Asclepias curassavica*）。

滿身刺的
毛毛蟲

水金京是一種常見的木本植物,分布在台灣與琉球的低海拔地區的闊葉林中,分類上屬茜草科水錦樹屬。由於它並非經濟樹種,要在自然環境中才可見到,不過在市區旁的小山或一些自然公園裡即很常見。而且因為其木材質地堅硬,一些台灣原住民曾將其枝幹使用於建材、薪材或製作簡易工具。

夏天的水金京，葉子上常散佈著許多蟲咬的明顯缺口，有些痕跡沿著邊緣，看似蝶蛾類幼蟲的咬痕。如果在有明顯咬痕的葉子上尋找，也許可以發現一種以水金京為食的毛毛蟲。牠外表沒有明顯的毛，反而長著許多尖銳的棘刺。

1　終齡幼蟲頂著一列列短刺的頭部，以及一身又尖又硬的刺狀突起，雖然看來難以親近，但其實牠對人無害。
2　異紋帶蛺蝶（*Athyma selenophora laela*）的終齡幼蟲外表翠綠，長有橘紅色的刺。
3　異紋帶蛺蝶的二齡幼蟲。
4　水金京（*Wendlandia formosana*）是低海拔地區的常見植物。
5　水金京在市區旁的小山或一些自然公園裡相當常見。

6

牠就是異紋帶蛺蝶的幼蟲。異紋帶蛺蝶或稱單帶蛺蝶，牠們的終齡幼蟲
有著綠色的身體、橙紅色的刺棘，腹部背側通常具有一深色的大斑塊，體長
最長約4公分；整個身軀色彩鮮明，就像一串長滿刺的藤蔓。頂著一列列短

7

8

刺的頭部，有如一面堅固的盾牌。這
一身又尖又硬的刺狀突起，雖然看來
難以親近，但其實牠本身對人無害。
當牠們感覺受到騷擾時，只會拱起身
體，並把頭部往下彎，靜止不動，不
具有攻擊性。

　　此外，異紋帶蛺蝶的幼蟲還是個
出色的建築師。牠所使用的建築材料
很特別，是自己的糞便！異紋帶蛺蝶
的幼蟲在終齡以前，外觀體色較深，
不似終齡時期的翠綠色；這些較早齡
的幼蟲，具有製作偽裝物的習性。

9

　　早齡幼蟲，通常是一至四齡幼蟲，牠們攝食後，往往會留下葉子的中肋（葉脈），成為一條長長的線狀物。接著幼蟲會慢慢吐絲，耐心的將自己的糞便利用絲纏繞，固定在這條葉子中肋的附近，這些糞便遂集合在一起，形成類似塔狀的偽裝物，稱為「糞巢」或「糞塔」。幼蟲因體色與糞便相仿，且慣於棲息在這些偽裝物的周圍，能夠藉此混淆天敵的雙眼。遠遠一看，這些糞便還真有點像牠們的形體。如果我們在葉子上發現由一粒粒糞便堆起而構成的糞巢，便有機會找到一旁的幼蟲。

　　一旦成長至終齡後，幼蟲體色轉為與葉子顏色接近的綠色系，便逐漸不再以糞便裝扮自己，而直接在葉子表面棲息。異紋帶蛺蝶的蛹及卵，外觀也相當精緻且特別。成蟲通常會將卵產在葉子的邊緣，卵上具有細小的刺及許多六角形的凹陷。蛹為淡褐色，具有金屬光澤，與幼蟲階段差異相當大，常

6　　異紋帶蛺蝶幼蟲，與一旁的糞便偽裝物。此為剛進入終齡的異紋帶蛺蝶幼蟲，外表為淺褐色。
7　　異紋帶蛺蝶幼蟲頭部特寫。
8　　異紋帶蛺蝶幼蟲的背側特寫。
9　　異紋帶蛺蝶的蛹。

可見於寄主植物的葉背。

異紋帶蛺蝶的成蟲幾乎全年可見。雄蝶翅膀的背側有一條明顯的粗白色帶狀斑紋；雌蝶的翅背側則是具有三條較細的白帶，紋路與雄蝶不同。因雌雄有著不同的班紋，所以被稱為「異紋帶蛺蝶」。因為異紋帶蛺蝶雄成蟲背側的斑紋讓人印象深刻，所以牠們又俗稱為「單帶蛺蝶」。

異紋帶蛺蝶成蟲除了以花蜜為食，也吸食腐果、樹液，常見於在低中海拔山區，夏秋季尤其常見。

異紋帶蛺蝶幼蟲的寄主植物，除了水金京以外，常見者還有茜草科水錦樹屬的水錦樹、風箱樹屬的風箱樹，以及玉葉金花屬、鉤藤屬的植物。在悠悠山林裡，如果見到了這些植物，不妨試著觀察葉片，也許有機會發現長著刺的幼蟲，以及其金黃色的蛹喔！

10　異紋帶蛺蝶的卵。直徑約0.9~1公釐。
11　異紋帶蛺蝶雄蟲。由於雌雄翅上的花紋不同，故名異紋帶蛺蝶。
12　異紋帶蛺蝶雌蟲。
13　異紋帶蛺蝶雌蟲側面觀。

1

柑橘樹上的 蝶寶寶

循著柑橘樹上的咬痕探索，在樹枝的末梢與肥滋滋的可愛毛毛蟲打了照面。一身翠綠的打扮，讓自己能藏匿在綠葉間，真是完美的保護色。為了想靠近看個仔細，不經意的觸碰使得幾根枝條晃動，也讓牠受到了驚嚇。頃刻間，一組鮮明的「V字形肉條」迅速從蟲子身上彈出、膨脹，同時一股濃郁的腥臭味在空氣中瀰漫開來。

這醒目的肉條，可是牠的一項拿手絕活。當這類毛毛蟲身體遭到觸碰，或者感受生命遭到威脅，受驚的牠隨即會高舉頭、胸部，並伸出此種散發異味稱為「臭角」的特異構造自衛。揮舞著臭角的同時，身體姿態也頗像吐著信的蛇。

這臭臭的孩子，是鳳蝶的幼蟲。

柑橘樹是搖籃也是奶媽

　　所謂的「柑橘類」植物為芸香科植物當中的部分種類，一般通常是指柑橘屬、枳屬、金橘屬等類別的植物；有些柑橘類植物是野生的，而人為栽植的植株也頗為常見。這當中有不少種類是常見的果樹，包括橘子、柚、金橘、檸檬，許多人應該對它們並不陌生。這裡要介紹的，就是那些常會伴隨著柑橘類植物出現的鳳蝶幼蟲，也就是一群蝴蝶小時候的樣子。

　　在平地至低海拔地區，有幾種以柑橘類為寄主植物的鳳蝶，特別是大鳳蝶、黑鳳蝶、玉帶鳳蝶、花鳳蝶（無尾鳳蝶），是我們在公園綠地或近郊環

1　　金橘樹上的大鳳蝶幼蟲，正伸出牠的臭角。

2-5　許多種類的鳳蝶幼蟲在終齡以前外觀貌似鳥糞，且不同種類相似度高，分辨起來較不容易。圖為四種鳳蝶的四齡幼蟲外觀。

境有機會見到的種類。這些鳳蝶的成蟲，會主動搜尋合適的寄主植物，並將產卵於枝葉上，於是幼蟲便在樹上成長，我們往往不難找到在葉子上活動的幼蟲。

　　前述的這些鳳蝶在分類上皆屬於鱗翅目的鳳蝶科、鳳蝶屬，幼蟲彼此具有相似的外表。其中花鳳蝶在都市裡的樓房與公寓周圍也極常見，而黑鳳蝶、玉帶鳳蝶我們偶爾也有機會在住宅的庭院見到。唯大鳳蝶一般在住宅區是很難見到的，但牠們在野外或公園、校園裡出現的機會可是非常的高。

　　這些在柑橘類植物上的鳳蝶幼蟲，早期（一般一至四齡時）外表通常較不起眼，大多呈褐色或深綠色而帶有白條紋，貌似醜陋的鳥糞。然而當齡期稍長，至終齡（五齡）時，幼蟲的身體則會轉為鮮綠色的外觀。此時的鳳蝶寶寶，身上已有了專屬的「記號」，雖然彼此間外表相似，不過我們仍然可以從幼蟲身上的斑紋類型來做分辨。

「蟲皮畫布」比一比

　　同樣都是綠色的毛毛蟲，牠們的外表有什麼差別呢？我們可以從顏色、圖案的樣式來著手。一般來說，大鳳蝶的終齡幼蟲，腹部的花紋主要為白色，有時會偏綠。黑鳳蝶終齡幼蟲，腹部花紋是咖啡色的，並且呈兩道連貫

大鳳蝶　　黑鳳蝶

6　　7

的線段。所以，假如我們某天在公園裡的一棵柚子樹上，見到具有白色條帶的毛毛蟲，通常很有可能就是大鳳蝶幼蟲；若毛毛蟲身上是咖啡色的條紋，並且條紋左右相連，則多半為黑鳳蝶幼蟲。

　　而在都市、野外均能見到的花鳳蝶，終齡幼蟲腹部花紋則常偏向黑色，偶爾呈深褐色，身體末端背側往往具有1至3對的對稱斑點；此外其胸部約第二節的斑紋會向下延伸，可以此特徵與其他常見的鳳蝶區分。中、低海拔地區可以見到的玉帶鳳蝶，其終齡幼蟲腹部花紋常見黑色，而背側具有1對形狀不規則的斑點。

誰敢惹我？臭角伺候！

　　臭角是鳳蝶類幼蟲特有的防禦構造，那麼它聞起來究竟是什麼樣的味道？吃柑橘類的幼蟲，臭角所散發的是濃郁而類似柑橘般的氣味。這是因為幼蟲以所食用植物的代謝物質，在體內經化學反應後貯存於臭角內，累積到一定程度便成了刺鼻的味道。一旦受到騷擾時，幼蟲便將帶有特殊氣味的臭角自頭部後方伸出，驅趕天敵；此外牠們也會一併從嘴裡吐出腸道內的汁

6-9　柑橘類植物上常見鳳蝶的終齡幼蟲比較，包括大鳳蝶、黑鳳蝶、花鳳蝶、玉帶鳳蝶。終齡時的幼蟲具備獨特花紋，因此我們可以用花紋來判斷牠們的種類。

花鳳蝶

玉帶鳳蝶

8

9

液，配合著氣味一起驅敵。

　　令人驚訝的是，臭角的顏色如同身體表面的花紋，也會因種類而有所不同。大鳳蝶的臭角為橘黃色，玉帶鳳蝶、黑鳳蝶的臭角偏紫紅色。至於花鳳蝶的臭角，則不同於前面的「單色系」，花鳳蝶的臭角是紅橙兩色的：上半段紅色，下半段橙色。此外，臭角為幼蟲所獨有，成蟲階段並無此構造；如果臭角在特殊情況下受傷或斷裂了，通常不會影響到發育，該幼蟲仍能正常長大。

10-13 色彩繽紛的臭角！大鳳蝶具有橘黃色臭角，玉帶鳳蝶與黑鳳蝶具有紫紅色臭角，花鳳蝶則具有「上紅下橙」的雙色臭角。

大鳳蝶

黑鳳蝶

15

花鳳蝶

玉帶鳳蝶

17

不過，以臭角威嚇的招式其實並非總是管用，鳳蝶幼蟲仍時常面臨天敵的威脅。例如在住宅區常見的花鳳蝶幼蟲，經常成為鳥兒的食物；野外的大鳳蝶，常因長腳蜂、寄生蜂等的攻擊而死亡。

毛蟲長大變美蝶

儘管自然界裡天敵與各種災害環伺，一些順利成長的個體在歷經蛹期、羽化後，終將搖身一變成為成蟲，在一生中最後的階段展翅飛翔。

在各種蝴蝶裡，鳳蝶屬於體型較大的一群。大多數鳳蝶成蟲，身體以

14-17 各種鳳蝶的蛹。以柑橘類為寄主植物的鳳蝶，蛹通常為綠色或褐色。

黑色為底色，翅膀上具
有各式斑紋，部分種類
在下翅後方具有尾狀之
突起。由於體型大而艷
麗，往往是賞蝶人所偏
愛的對象。

　　事實上台灣所產的
鳳蝶目前已知有38種，
當中除了前述以柑橘類
為寄主植物的種類，也有以芸香科其他屬的植物，以及馬兜鈴科、木蘭科、
樟科、番荔枝科、繖形科等植物為食的鳳蝶。不過某些種類鳳蝶的能見度往
往沒有前述的幾種鳳蝶那麼普遍。

鳳蝶在成蟲階段，不再像幼蟲那般只在植物上進食與活動，而是行自由生活，常於陽光充足的環境活動，以花蜜為食。

成蟲時期的最大使命，想當然耳便是求偶與繁殖後代。完成交尾的鳳蝶雌蟲發現合適的寄主植物，便會在其周圍環繞，挑選適當位置輕輕停下，一面揮舞著翅膀，匆匆產下卵粒，隨即轉而找尋下一個產卵位置。

幾天後，葉面上的卵粒孵化，新生命的求生之旅再一次展開。

18　黑鳳蝶頭部特寫。

19　黑鳳蝶（*Papilio protenor*）成蟲。黑鳳蝶幼蟲的寄主植物種類廣泛，除了柑橘類植物，牠們也會取食芸香科的雙面刺、食茱萸、飛龍掌血、賊仔樹等。

20　花鳳蝶（*Papilio demoleus*）成蟲。花鳳蝶幼蟲除了以柑橘類植物為食，也會取食芸香科的石苓舅、過山香、烏柑仔。

21　大鳳蝶雄成蟲（*Papilio memnon heronus*）。大鳳蝶幼蟲主要以柑橘類植物為食。大鳳蝶雄成
　　蟲與黑鳳蝶的外觀相似，但可由前翅腹側的特徵來區分兩者；大鳳蝶的前翅基部具紅斑，黑
　　鳳蝶前翅基部則無紅斑。

22　大鳳蝶雌成蟲。

23　玉帶鳳蝶（*Papilio polytes polytes*）成蟲。玉帶鳳蝶幼蟲的寄主植物種類不少，包括柑橘類植
　　物、雙面刺、過山香、烏柑仔、飛龍掌血、食茱萸等。

和人生活在一起的衣魚

打開衣櫥，赫然發現一條銀白色、扁平的長條狀物出現在眼前。被驚動到的牠，快速的移動竄出。「是蟑螂嗎？」下意識準備好拖鞋，預備下手撲殺。回過神來，不禁止住了剛才的念頭，反倒開始好奇牠的身分。

這條生物的外表看起來既不像蟑螂，也不像蟑螂有著莫名的噁心、令人恐懼的外表，牠的顏色反倒是有種特殊的「潔白」印象。原來，牠是被稱做「衣魚」的生物。回想一下，某天翻開書本、移動家具時，你是否也曾有過類似經驗？

陸地上的「魚」

衣魚是屬於纓尾目的昆蟲。常見的衣魚，外觀通常呈銀白色、灰色或近黑色，體型只有約1至3公分長。仔細瞧瞧，牠那扁平、形狀似紡錘般的

身體，佈滿了銀色鱗片，並略帶有金屬般的色澤。牠們的軀體細細長長，在頭部長有兩條觸角，腹部則長了「三根毛」（一對尾毛及一條中央尾絲）。如果大膽的用手觸碰牠的身體，將會發現衣魚身上的鱗片很容易沾黏在手上，如同蝴蝶翅膀上鱗片般的容易脫落。雖然衣魚和一般常見的昆蟲同樣長有六隻腳，但牠們並不具有翅膀，沒有飛行的能力。

衣魚常出沒在人類居住的場所，平時置身在房屋縫隙或家具之間。通常牠們可能因人類的活動，透過紙類、書籍的運輸而被

1　衣魚身上的鱗片常呈銀色，排列整齊，近看有如魚鱗。
2　用手觸碰衣魚的身體，將會發現牠身上的鱗片很容易沾黏在手上。
3　紙張是衣魚的食物之一，在久放的報紙堆中常能見到數隻衣魚同時出現。
4　常見的「毛衣魚」（*Thermobia domestica*）之外觀。毛衣魚常在舊報紙、圖書的縫隙間出現。

5

帶入居家建築物內。此外也有一些種類的衣魚主要生活在戶外野地裡。衣魚的行動敏捷，爬行動作迅速，被驚動時常見牠們一溜煙的逃脫。晝伏夜出的牠們，由於有懼光的習性，白天通常躲藏在暗處，所以在那些陰暗潮濕的倉庫、櫥櫃裡特別容易發現衣魚。

野外的衣魚個體則大多棲息在地表落葉層、石縫、樹皮下，台灣目前有紀錄的衣魚種類約6種，其中普通衣魚、毛衣魚、斑衣魚是比較常見的種類。由於古人認為牠們的外表似魚，且會蛀食衣物，因此稱之為「衣魚」，此外也稱為「蠹魚」。且因外表顏色，衣魚的英文名被稱做為「銀魚」（Silver fish）。儘管牠們的不同俗名都被冠以「魚」這個字，但其實牠們的身世跟魚可沒有關係。

另外有一群衣魚的近親，牠們外形與衣魚近似，名為石蛃。石蛃的習性也和野外的衣魚類似，夜行性，常在樹皮或落葉堆出沒。石蛃早期也被被歸在纓尾目，但由於這兩類昆蟲在形態上並不相同，因此有分類學家主張將其獨立出來，稱之為古口目。

通常許多石蛃的外表上，腹部末端的一對尾毛（腹末外側那兩根）比中央尾絲（腹末中央那一根）還要短，而衣魚的尾毛則與中央尾絲的長度差不多。從頭部來看，石蛃具有大型而彼此幾乎相連的複眼，至於衣魚的複眼則同常較小且不相連。

不折不扣的「書蟲」

　　棲息在室內的衣魚，主要以植物性的材質或碎屑為食。恰如其名，衣魚會取食衣服以及各類紡織品，另外如紙類，書籍、紙張或壁紙都能作為牠們的食物。膠合書本的黏膠、裱褙書畫使用的漿糊，也時常能見到牠們啃食的痕跡。也因為如此，平時家裡的衣物、書本都可能因衣魚啃食而破損；若擺放多時的紙張，邊緣出現了不規則的缺口、孔洞，即有可能是衣魚所造成的。衣魚啃食過的地方，周圍也常留下黑色、細小如沙粒般的糞便。因其取食偏好，衣魚也會破壞博物館、圖書館中的文物或文件資料，讓人類不得不提防牠們，以免毀損重要的古籍檔案。此外，人類所囤放的糧食如穀類、豆類也是牠們的食物來源。衣魚耐飢餓的能力相當強，許多種類在完全不進食的情況下仍然可以存活好幾個月。

　　其實牠們可是有著不凡的身世。中國最早的一部詞典『爾雅』中便描述過衣魚這種生物，可知衣魚至少兩千年以前就已出現在居家環境中。據考古所發掘的化石證據顯示，過去衣魚早在三億多年的石炭紀便已存在，可能比恐龍還要早出現。由此可見，牠們是相當古老的昆蟲，意即屬於「活化石」的生物。此外，衣魚從前也被古人當作藥材使用；據說衣魚所製中藥名為「白魚散」，可用於醫治眼翳病，如今看來是有點不可思議。

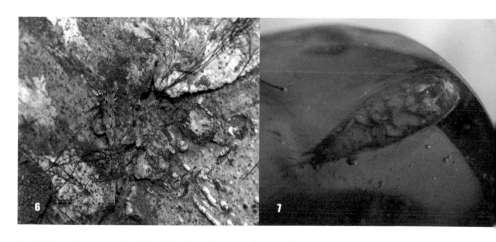

6

7

5　昆蟲的複眼是由許多「小眼」所組成。將毛衣魚的頭部影像放大，可以發現複眼中的小眼粒粒分明；每顆複眼共含12個小眼。

6　一種生活在野外環境的石蛃。

7　多明尼加出土的琥珀化石中所埋藏的衣魚，存活年代約為三千萬年前。

1

小不點
嚙蟲
部隊

夏天時偶然發現自家浴室裡有一群小蟲現蹤。每次觀察，大約都是2至5隻的個體，在洗手台上緩慢爬行。由於洗手台為白底，讓微小不起眼的牠們反倒顯得有些突出。

原來這些浴室裡發現的昆蟲，是生活在室內的一類嚙蟲，即擬竊嚙蟲。牠們具有翅膀，能夠行走、跳躍，但不擅飛行，通常在牆上活動，專以牆邊的微小黴菌為食。由於嚙蟲普遍喜愛潮濕溫暖的環境，可能是夏天的浴室剛好可以為其提供適當的生活條件，同時這樣的環境也有利於黴菌增長，造就了充足的食物來源，並助長了其族群繁殖。

嚙蟲雖小五臟俱全

「嚙蟲」是住宅中常見的一類昆蟲，然而這些小傢伙卻往往不會為人所注意。這是因為大部分的嚙蟲體型實在太小了，室內常見者往往就像砂

子、灰塵一般，小得讓人視而不見。就算碰巧見到了，可能也不見得認得出。但透過放大鏡觀察，嚙蟲可是麻雀雖小，五臟俱全。

　　牠們有著咀嚼式的口器，一對細長的絲狀觸角，體軀柔軟。由於頭部比例較大、胸部體節隆起，外表看起來有如駝背一般。鏡頭下的牠們，和許多昆蟲一樣，頭部也會轉啊轉的觀察四周，也會搔弄、清理自己的觸角。有些種類的嚙蟲具翅，翅為膜質；另外也有不少翅退化的種類。

1　一種生活在野外相思樹上的嚙蟲。
2　在郊外植物上活動的某種嚙蟲若蟲。
3　出現在浴室洗手台上的擬竊嚙蟲（Psocathropos sp.），體長約1~2公釐，通常在牆上活動，專以牆邊的微小黴菌為食。
4　擬竊嚙蟲具有翅膀，能夠行走、跳躍，但不擅飛行。
5　嚙蟲的頭部比例較大，胸部體節隆起，外表看起來有如駝背一般。
6　嚙蟲有著咀嚼式的口器、一對細長的絲狀觸角，體軀柔軟。

7

8

　　傳統上齧蟲被分類為「齧蟲目」的昆蟲，齧蟲目的英文名稱Psocoptera是由希臘字Psoco（磨碎）與ptera（翅）所組成；可能是由其口與翅的特徵來命名。「齧」字的字義同「齧」，意思為咬、啃；這個字也反映出牠們善於咀嚼的口器。不過目前有學者主張將「齧蟲目」與「食毛目」及「蝨目」合併（Psocodea，譯名為「齧蝨目」或仍譯為「齧蟲目」），原本的齧蟲目英文名稱已不再使用。

　　在生殖方面，有些種類的齧蟲是行兩性生殖，例如擬竊齧蟲。有些種類則能以孤雌生殖的方式，不交配即可產下後代。

書堆裡的小精靈

　　其實一般的住家裡還有其他更常見的齧蟲，或許你早就見過牠們了！其中有一群俗稱「書蝨」的齧蟲，主要以黴菌和植物性的有機碎屑為食，牠們

9

10

在野外環境中的數量很多，但也常在居家環境出現。書蝨大多沒有翅膀，體型比擬竊齧蟲還要小，身體扁扁的，後足的腿節特別粗。住在家裡的書蝨，往往藏匿在陰暗潮濕的場所，因此在屋內累積塵埃的角落、發霉的家具、書櫃及舊紙堆中，都可能發現牠們的蹤跡。如果哪天翻開書本，特別是放很久有點泛黃的舊書，裡頭發現有細小如砂礫、緩緩爬行的蟲子，就很有可能是見到了書蝨。

　　因為書蝨常出現在書本中，所以被人

類取了「書蝨」這個俗稱，不過牠們並不會蛀食書本的紙張。倒是書本上的漿糊和裝幀材料，或者廚房的倉儲穀物，這些植物性的成分比較可能成為牠們的食物。其實你的家中可能或多或少都有嚙蟲存在，只是這些小蟲子不容易被發現罷了。

當然，還有許多種類的嚙蟲是只生活在野外的。生活在郊野、森林環境裡的嚙蟲，通常取食藻類或地衣、真菌等維生；例如許多嚙蟲會以口器刮食長在樹木表面的地衣，將之做為主食。自然界中的嚙蟲，依種類有著各式各樣的外表。有些體型較大或集體生活的種類，比較容易讓人發現。

嚙蟲這群小昆蟲，與人類之間可說是關係密切，不過在一般家庭中活動的嚙蟲，大多不會影響人類的作息，也不會造成什麼危害，算是較「冷門」的害蟲。然而當房舍在不通風、壁癌蔓延等情況下營造出潮濕、富含黴菌的空間，便有可能造成嚙蟲族群大量滋生。如果哪天發現許多嚙蟲出沒，那可能便得注意室內有無發霉器具、浴室是否通風不良或是長期積水；換句話說，你家裡的環境濕度可能太高了！

7　書蝨（*Liposcelis* sp.），這類嚙蟲體長僅約1公釐，可在樹皮上發現。
8　書蝨主要以黴菌和植物性的有機碎屑為食，在野外環境的數量很多。
9　室內環境不難找到書蝨的蹤影，多半藏匿在陰暗潮濕的場所。
10　書蝨大多沒有翅膀，體型比擬竊嚙蟲還要小，身體扁扁的，後足的腿節特別粗。
11　一種浴室常見的跳蟲。
12　白斑蛾蚋（*Telmatoscopus albipunctatus*）在浴室、廁所相當常見。

The Fascinating World of Urban Insects

潮溼不通風的角落可以發現的昆蟲

跳蟲多半生活於潮濕的土壤中，但家中的浴室洗手台也可以見到牠們的蹤影，這群小蟲子一般主要以腐植質、真菌為食。

白斑蛾蚋是浴室、廁所常可以見到的小蟲，動作緩慢，有時也會飛到室內牆壁上，牠們的幼蟲生活在水槽或積水中，成蟲喜歡棲息在陰暗的環境，廣泛分布於熱帶與亞熱帶地區。

居家
蟑螂
剋星

或許你曾在家裡見過一種長約一公分、體型如蒼蠅般的黑色小飛蟲；父母、兄弟姐妹中也許總有人認得，卻不一定叫得出名字。這種生物生著一對藍色具光澤的眼睛、纖細的「腰部」，以及總是擺動著的扁扁腹部。由於牠的後足較長，且外表黑色，乍看又像是一隻蟋蟀。當牠出現在你面前，往往時而飛行，時而於地面爬行。

假若哪天在家裡發現了，可先別急著拿蒼蠅拍、電蚊拍，打算把這小蟲「除之而後快」。因為牠可是蟑螂的天敵呢！牠是產於溫帶、亞熱帶地區，名為「蜚蠊瘦蜂」的卵寄生蜂。蜚蠊瘦蜂在分類上為膜翅目瘦蜂科。由於瘦蜂的腹部時常連續擺動，因此瘦蜂又有「旗蜂」、「旗腹蜂」之稱。

小強怕怕

蜚蠊瘦蜂與蟑螂之間有何關係，暫且先從蜚蠊也就是俗稱的蟑螂談起。蜚蠊是昆蟲綱蜚蠊目昆蟲的通稱，這類昆蟲通常具有扁平的身軀、布滿刺的足、細長的絲狀觸角，頭部大部分面積為前胸背板所蓋住，很容易讓人

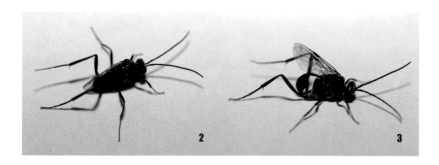

一眼認出。野外的蜚蠊通常以有機質為食，然而居家場所中的蜚蠊，喜出入髒亂環境、啃食食物殘渣，因而常會造成廚具、食物等物品的污染，促成病原菌、寄生蟲的散布。牠們停留過的地方，又常留下分泌物的異味，以及黑色的排泄物，這些現象不僅讓人覺得不舒服，蜚蠊的分泌物和排泄物也被認為是造成過敏、引起氣喘的成因之一，有很多因接觸蜚蠊而造成皮膚炎的案例。基於以上的種種理由，蟑螂帶給人們骯髒的刻板印象，令人聞之色變。

　　雖然人類不樂見其在家中定居，但蟑螂終究是社區中常見的生物。而這蜚蠊瘦蜂就是一種以蟑螂卵鞘為寄生對象的卵寄生蜂，亦即，牠們會寄生蟑螂卵，減少蟑螂的數量。由於蜚蠊瘦蜂成蟲能靠著嗅覺搜尋蟑螂新產下的卵鞘，所以便伴隨著常在人類的家中出現。已知蜚蠊瘦蜂的寄主有澳洲蜚蠊、美洲蜚蠊、棕色蜚蠊、家屋斑蠊等。

蜚蠊瘦蜂的剋蟑過程

　　當蜚蠊瘦蜂成蟲鎖定了目標蟑螂的卵鞘，即伸出產卵管刺入，將自己的卵產於其中。蟑螂的卵鞘對蜚蠊瘦蜂而言有如「育嬰室」，不僅供應其幼蟲階段發育所需之養分，也是其生長的場所。蜚蠊瘦蜂幼蟲孵化後，便寄生其中，一面以蟑螂卵粒為食、一面發育著，直到長至蟲體大小佔滿整個卵鞘，隨後並在其中化蛹。

　　蟑螂卵鞘又稱卵囊，是一群卵粒的集合。雖然其卵鞘裡面含有數十粒卵（例如美洲蜚蠊的卵鞘內含約16粒卵，澳洲蜚蠊卵鞘含有約20餘粒卵），

1　蜚蠊瘦蜂（*Evania appendigaster*）的頭部特寫。
2　蜚蠊瘦蜂的外觀。
3　蜚蠊瘦蜂有著藍色的複眼、「腰部」（其實是腹部的一部分）、扁平的腹部。

4　　　　　　　　　　　　　　　5

每個蟑螂卵鞘僅能讓一隻蜚蠊瘦蜂發育，因此蜚蠊瘦蜂一般每次僅產一粒卵。換句話說，一隻幼蟲的寄生，至少可以摧毀十幾隻即將誕生的蟑螂。

　　羽化以後，成蟲便突破卵鞘離去，進行交尾、產卵，傳遞下一個世代。蜚蠊瘦蜂成蟲以花蜜為食，行自由生活，喜愛訪花。除了居家環境，其實在平地至低海拔山區也可見其蹤影。

　　初羽化的蜚蠊瘦蜂雌蟲便能進行產卵，無論交尾與否；雌蟲所產下的卵中，未受精卵將孵化為雄性，受精卵則產生雌性後代；因此未經交尾的雌成蟲將只產下雄性後代，交尾完成者則能分別產下雌與雄的個體。雄蟲可行多次交尾，但雌蟲一生僅交尾一次。

請蜂來殺蟑？

　　既然蜚蠊瘦蜂這種蜂能夠消滅蟑螂卵鞘，那麼世界上有沒有會直接攻擊蟑螂成蟲的蜂類呢？有的，在熱帶地區有某些長背泥蜂科的種類，該科的蜂身形酷似螞蟻，也是蟑螂的天敵。特別的是，這些蜂專門獵捕蟑螂的成蟲或若蟲，將之拖入巢中，做為其後代的食物。部分種類於台灣低海拔山區亦可發現，但遠不如蜚蠊瘦蜂那般常見了。

6

　　看來，昆蟲中常見的蟑螂天敵，還是蜚蠊瘦蜂當之無愧。蜚蠊瘦蜂不僅能夠適應人類的生活圈，又是蟑螂殺手，能抑制其繁殖。既然如此，有沒有可能考慮請一些專業人員在市區裡大量飼養，然後分送給家家戶戶，造福縣市鄉里？

　　這個想法可能行不通。當成群貌似蒼蠅的小蟲在屋裡飛動，你我的家人恐怕不會有什麼正面反應，甚至會感到恐懼吧？而且過不了多久，還會

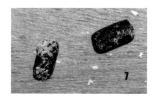

7

留下一堆蟲屍、殘骸。相較之下，想要防除蟑螂，維持室內整潔、定期清理垃圾，這樣的做法更是容易可行。乾淨的環境自然能減少蟑螂滋生，也讓蟑螂沒有地方躲藏，應該才是防除蟑螂最簡單有效的方式！

4　澳洲蜚蠊（*Periplaneta australasiae*）在居家環境常見，是蜚蠊瘦蜂的寄主之一。這種蜚蠊前胸背板具有一塊黑斑，前翅的邊緣具有金黃色條紋，相當容易辨識。

5　美洲蜚蠊（*Periplaneta americana*）在室內或戶外垃圾堆都有機會見到，是蜚蠊瘦蜂的寄主之一。這種蜚蠊的前胸背板底色為橙色，中央具有褐色斑塊。

6　棕色蜚蠊（*Periplaneta brunnea*）是室內常見的種類，也是蜚蠊瘦蜂的寄主之一。這種蜚蠊的前胸背板主要呈棕褐色。

7　蟑螂的卵鞘。在衣櫥、抽屜等的夾層或縫隙常可發現。

潛入廚房的
微型
甲蟲

甲蟲一定要到野外才看得到嗎？其實在我們的住家裡，時常有迷你版的小甲蟲在角落裡悄悄活動呢！這些昆蟲可能是透過門縫、窗戶的縫隙偷渡到家裡，也有可能是我們自己無意中帶進來的。

　　某天社區舉辦的活動贈送了幾包有機米，開封後這些米被放置在家裡的廚房一角。幾天後，廚房的牆壁上開始出現小蟲子在周圍爬行，這些蟲長得比米粒還要小，頭部又有著一根長長的「鼻子」狀構造。打開米袋，果不其然，是隨這些米給帶進屋內的。牠們是米缸中的常客「米象」，又稱米象鼻蟲，頭部鼻子似的細長構造為特化的口器。也許是這些米在運送前後悄悄給米象成蟲產了卵。

米粒與象鼻蟲

　　米象為一種世界性分布的常見昆蟲，分類上屬於象鼻蟲科的甲蟲。在人類社會中，米象是白米、糙米的主要害蟲，因此在米缸中很常見。此外牠們也會危害玉米、高粱、小麥等穀物。除了米象，米粒中也常有另一種象鼻蟲「玉米象」；玉米象的外觀習性均與米象相似，但體型略大於米象。總之米粒中出現的甲蟲，不外乎米象或玉米象。

　　早期的農家在稻作收成後，會在家門前曝曬稻穀。在曝曬中的稻穀裡，也有可能發現這些小象鼻蟲在其間爬行。穀粒若遭米象成蟲產了卵，孵化後的幼蟲便會以之為食，在穀粒中生活、化蛹。有蟲卵的穀粒，例如

2

白米，會逐漸的被蛀食成孔洞。由於幼蟲藏身在米粒裡，多半難以讓人類察覺。米象長為成蟲後則會四處爬行，不再像幼蟲那樣住在單一的米粒裡，但牠們同樣也會吃米粒。

　　觀察米象的外表和行為，其實也挺有趣的。就外表看來，成蟲的體型比許多常見的象鼻蟲要小了許多，不過用放大鏡一看，外表特徵可是跟大型的種類差不了多少呢。假如你打算觀察牠們是如何蛀食米粒，只要準備一些白米，把米象成蟲養在罐子裡，就成了另類的寵物，平常只要清理糞便，不須花多少時間照顧，養起來相當的容易。

吃豆子的豆象

　　家裡擺放了一陣子的綠豆或紅豆，偶爾也會出現一種專吃豆子的甲蟲。這種甲蟲的體型尺寸與米象相似，外表深色帶有不規則花紋，牠們通常是「四紋豆象」。這些蟲子以豆類為食，攝食的對象包括綠豆、紅豆、大豆、花生等，在台灣尤其以綠豆和紅豆最為常見，是儲藏豆類的害蟲。儘管有「豆象」之名，從字面上看來似乎是象鼻蟲的同伴，外表也與象鼻蟲相似，但其實牠們在分類上為豆象科，屬於不同的類群。

　　四紋豆象的雌蟲，會將卵產在豆子的表面，等到幼蟲孵化，便鑽入豆子裡生活，直到長為成蟲時才鑽出。這種生活模式與前述的米象類似，兩者的

1　要把相機對準米象其實並不容易，因為牠們爬行的動作很快。

2　米象（*Sitophilus oryzae*）長得比米粒還要小，頭部又有著一根長長的「鼻子」狀構造。

幼蟲都是住在植物果實裡，只是取食的植物種類不同。四紋豆象的成蟲羽化後，在未進食的情況下便可以交尾及繁殖後代，在生殖上可說是非常有效率。有時豆子裡也可能出現另一種近緣種「綠豆象」，這兩種常見豆象的相似度高，習性也類似，區分起來並不容易，但可以從雄蟲的觸角形態及一些細部特徵來加以辨別。

現在很多豆類食品都是真空包裝，所以這些昆蟲在居家環境的出現頻率算是較少，不過在大賣場或家裡囤放很久的豆類，還是有可能見到牠們出沒。

並非獨愛菸的菸甲蟲

另外還有一種紅褐色的小型甲蟲，也常常出現在廚房這類場所。假如你在儲藏的食物附近，看到外觀橢圓形、善於飛行的小甲蟲，那麼很有可能是見到了「菸甲蟲」。

菸甲蟲的食性雜，主要取食乾燥的植物性食品。尤其喜愛香料、餅乾類食品，例如長期放置的菊花茶茶包、咖哩粉、餅乾甜點，這些食材萬一沒有密封好，便有可能遭到菸甲蟲進駐。有時食物的包裝也可能遭菸甲蟲咬破，進而侵入。此外像中藥材、大蒜、花生或五穀雜糧等乾燥物中，也有可能發現牠們。

之所以名為菸甲蟲，原因是這種昆蟲以危害儲藏菸葉而聞名。菸甲蟲不僅能夠取食對多數昆蟲具有毒性的菸草，更是原料菸葉的重要害蟲，故俗稱「菸甲蟲」、「煙甲蟲」。牠們除了造成菸作損失，也曾有躲藏在香菸、雪茄等菸草貨物中隨船運遷移的紀錄。

菸甲蟲有個明顯的特徵，牠的頭部幾乎與軀幹垂直。菸甲蟲有裝死的習性，每當受到驚嚇，牠會立刻縮起頭與六隻腳裝死；從背面觀之，因為那特殊的頭部角度，此時頭部幾乎是完全看不到的。

菸甲蟲在分類上所屬的食骸蟲科，日文漢字為「死番虫」，應是源自其英文俗名death-watch beetle。據說這是由於某些危害木材的食骸蟲科甲蟲，能夠發出特殊聲響求偶，當這聲音出現在老舊的房屋，讓人聯想成倒數死亡時間的鐘擺聲，因此過去被視為是不吉利的象徵。不過菸甲蟲本身並無此種發聲行為。

　　我們所稱的「甲蟲」是鞘翅目昆蟲的通稱，這些昆蟲為完全變態，成蟲往往外表堅硬。除了大多數人所熟悉的鍬形蟲、獨角仙、天牛等大型種類，其實有許多的甲蟲體型微小，並有著各式各樣不同的生態習性。菸甲蟲、四紋豆象成蟲的體長僅有約3至4公釐，而米象、玉米象的體長則分別為約2.5至3.5及3.5至5公釐。

　　看到這樣的小甲蟲，是否顛覆了你對牠們既有的觀念呢？也許有些人對甲蟲的印象為雄壯威武、體型碩大，然而昆蟲的世界裡，可是有著極豐富的多樣性，而甲蟲的種類數更是世界上所有生物之最，自然會在各類的環境中演化出了不同的外表與行為。不管是山林或水域，或者人類的生活圈，總有不同的甲蟲存在，牠們可說是無所不在的一群昆蟲。

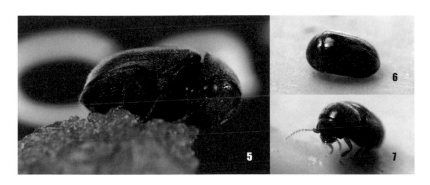

3　這隻四紋豆象斷了一枝觸角，但似乎不影響牠的日常生活。

4　四紋豆象（*Callosobruchus quadrimaculatus*）的體型尺寸與米象相似，外表深色帶有不規則花紋。

5　正在取食巧克力餅乾的菸甲蟲。經試驗性的餵食，跟其他食物比起來，菸甲蟲似乎特別喜歡餅乾。

6　菸甲蟲（*Lasioderma serricorne*）有裝死的習性，每當受到驚嚇，牠會立刻縮起頭與六隻腳裝死，成為橢圓形的物體。

7　菸甲蟲相當活潑，不只在廚房出現，還經常飛到房間或客廳。

謎樣的「水泥塊」

家中牆角、地板上、家具裡的縫隙，不經意的發現一粒粒灰色紡錘狀，看起來貌似水泥塊的物體。是不是總覺得對這玩意兒有莫名的熟悉感呢？「上回大掃除才把這些東西都清掉，但一段時間後它們卻又出現了。」也許你正若有所思的想著，為何這些「水泥塊」總是會突然冒出來。其實那裡面是某種昆蟲，不相信的話，拿起來放在桌上觀察看看，有些還會動呢！

瞧瞧這些室內牆壁上的小東西，跟牆壁的色調還頗相稱，乍看就像是牆壁剝落的碎屑、地上的小石礫一般。不過有些時候，爬行中的牠們還是透露了自己「具有生命」的身分。你是否曾在打開衣櫥時看見細小的蛾飛出？那些小蛾就是「內容物」長成之後的成蟲。

與人同居的蛾

其實這些東西可不是水泥做的，不僅柔軟，而且還是中空的，就像個袋子一樣，正確來說該稱之為「筒巢」。這是叫作「衣蛾」的小型蛾類所造

的巢，主要為其幼蟲吐絲製造，由絲質的結構黏附了沙土顆粒所組成。筒巢兩端各有一個開口，幼蟲的頭可由任一開口探出。

這些昆蟲在台灣幾乎四季可見，這些空巢周期性的出現，總讓我們必須頻繁的清理屋內各個角落，儘管牠們並不會對室內的物品造成什麼危害。

這種身體外表黃褐色的小型幼蟲，長期躲在筒巢內，行動相當緩慢，就像是寄居蟹一樣，把「家」隨身攜帶著。隨著生長，筒巢也會逐漸擴建增大。

牠們一般以乾燥的有機物碎屑為食，包括毛髮、蜘蛛絲等。至於衣蛾的成蟲，一般則不取食，通常也沒有趨光的習性。衣蛾成蟲產下卵後，待卵孵化，新誕生的幼蟲便吐絲黏附環境中的沙土等碎屑作巢，之後持續在筒巢

1　衣蛾幼蟲的頭部特寫。
2　牆角的水泥塊？潮濕的角落隨手就可以撿到幾粒空的筒巢。
3　衣蛾的筒巢兩端各有一個開口，幼蟲的頭可由任一開口探出。
4　衣蛾幼蟲移動時會將頭及胸部伸出，抓著物體表面爬行。

中成長，化蛹時仍在巢中，直到成蟲羽化才脫離筒巢。當成蟲離去，則在原地留下空巢，所以不見得所有巢裡面都有蟲。許多被發現的筒巢幾乎空空如也，只留下蛹殼，即是裡面的主人翁已長為成蟲並飛離筒巢的緣故。

我們人類身上隨時都有脫落、掉在地上的頭髮，如果家裡不常打掃，這毛髮跟灰塵便很容易在牆角積成一大坨，過一段時間，我們便可見到幾隻帶著筒巢的衣蛾幼蟲出現在這些毛髮上，啃食著地面上的頭髮，由此可知牠們非常喜愛啃食毛髮類的物質。

雖然已知台灣所產的衣蛾目前似乎沒有對衣物造成危害的相關紀錄，但有時我們也會發現衣蛾的成蟲或幼蟲出現在衣櫥裡或者衣服上，推測主要是為了尋找陰暗環境躲藏，也可能是受到衣櫥裡羊毛製品或毛皮類物品所吸引。

如果以人為的方式，用剪刀小心的將衣蛾的筒巢給剪開，或者將幼蟲自巢中取出會如何？結果是，失去筒巢的光溜溜幼蟲，會在幾天內吐絲完成一個新的巢。畢竟最初的巢是自己造的，這點小事當然難不倒牠們。剪開的筒巢，也常會發現裡頭藏有一小撮人類的頭髮；

經試驗性的餵食，也可以發現牠們特別偏愛「人的頭髮」這種食物。

　　偶爾，我們在室內找到的筒巢，會發現裡頭並沒有衣蛾幼蟲存在，以手碰觸，反而會有幾隻小型寄生蜂從筒巢飛出，這才驚覺，原來衣蛾也會成為寄生蜂的食物。看來這跟我們在戶外看到的蝶蛾類生態類似，也常面臨寄生性天敵的威脅。雖然衣蛾幼蟲有筒巢保護著，藏身在巢中的衣蛾，有時仍然躲不過天敵的襲擊。

家裡出沒的蛾

　　如果要說室內有哪些蛾類出沒，在一般的家庭裡，除了這愛吃毛髮的衣蛾最為常見外，其實另外還有幾種吃儲藏品的小型蛾，有可能隨著食物被攜進室內，因而出現在家裡。這些蛾的體型通常比衣蛾稍大，其中粉斑螟蛾是比較常見的種類。

　　粉斑螟蛾是大蒜上的常見害蟲，如果某天你家裡突然冒出一堆小蛾，在室內到處飛來飛去，那麼請查看最近家裡是否買了一批大蒜，上面搞不好還能找到一些尚未羽化的粉斑螟蛾蛹。牠們的幼蟲也很喜歡吃糙米或白米。新買來的糙米如果擺個三、五天，米袋內出現了小蛾在飛舞，那麼這批買來的米很可能早讓蛾給產下卵了。

5　衣蛾（*Phereoeca uterella*）成蟲的外觀。
6　衣蛾的成蟲一般不取食，通常也沒有趨光的習性。
7　將筒巢打開，才能見到衣蛾幼蟲的全貌，幼蟲其實是長的這副模樣。
8　有些空的筒巢開口處可見衣蛾羽化所遺留的蛹殼。請仔細看「開口」的地方有什麼？
9　如果家裡不常打掃，毛髮跟灰塵很容易在牆角積成一大坨，過一段時間，便可見到幾隻帶著筒巢的衣蛾幼蟲出現在這些毛髮上。
10　打開衣櫥或書桌的夾層，裡頭居然有這麼多衣蛾的空筒巢，並伴隨著一些蜘蛛網。
11　粉斑螟蛾（*Cadra cautella*）很容易隨著菜市場的大蒜、糙米給帶回家。
12　粉斑螟蛾是居家常見的蛾類。

惱人的 **吸血 小飛蟲**

深夜裡，躺在床上打算好好休息，耳邊卻響起了忽遠忽近、揮之不去的嗡嗡聲。這嗡嗡作響來自於蚊子那每秒擺動300至600次的翅膀，在夜深人靜的時空裡顯得格外清楚。有時它甚至令人幾近抓狂，使你非得起身，試圖找出、摧毀那聲響的來源不可。

除了偶爾在夜晚擾人清夢，蚊子那吸人血液、引起皮膚發癢的「作為」，想必更讓人深惡痛絕。而在蚊子叮咬的同時，更有可能傳播病原，使人類、牲畜染上疾病！因此，蚊子被視為是公共衛生的頭號害蟲，長久以來，總是不為人類所歡迎。一直到今天，我們仍不斷以各種方法，試圖擺脫蚊子所帶來的危害。

由於蚊子所帶來的諸多煩擾，人類與蚊蟲的交手歷史不可不謂冗長，這些經驗在文化中留下了痕跡。在唐詩宋詞中，即能窺見一斑。唐朝詩人薛能「吳姬十首·其五」的詩句：「退紅香汗濕輕紗，高卷蚊廚獨臥斜。」句中的「蚊廚」，指的就是當時防蚊用的帳幕，即蚊帳。

蚊事知多少

我們所稱的「蚊」、「蚊子」，通常指的是雙翅目蚊科的種類。都市室內有機會見到的種類大多為白線斑蚊、埃及斑蚊、熱帶家蚊以及地下家蚊這幾種。

白線斑蚊、埃及斑蚊是傳播登革熱的病媒，這兩種蚊子的成蟲也是比較容易辨識的種類，可以從頭及胸部的紋路認出牠們。白線斑蚊分佈於平地與山區，棲息在戶外或室內陰暗的角落。埃及斑蚊則大多分佈於西南部地區，棲息在居家室內、家具周圍為主。

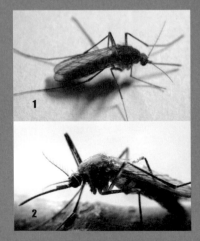

熱帶家蚊、地下家蚊大多棲息在戶外草叢或室內陰暗處，常飛到住宅中吸人血。這兩種蚊子外表上極為相似而區

分不易，不過地下家蚊只在冬季特別活躍，而其他季節裡住家中見到的個體幾乎為熱帶家蚊。

不同種類的蚊子，其幼蟲生長的水域也不盡相同。白線斑蚊和埃及斑蚊的幼蟲一般生活在人工的積水容器內，熱帶家蚊及地下家蚊的幼蟲則主要生活在都市水溝或下水道中。

還有一種蚊子，雖不會出現在室內，但也是我們身邊很常見的種類。牠叫做白腹叢蚊，腹部黑白分明，很容易辨認。我們在戶外的草叢裡，很容易撞見白腹叢蚊，被牠叮到似乎特別的痛。白腹叢蚊分布於平地至低海拔山區，幼蟲大多生活在化糞池裡，沒錯，就是收集排泄物的「化糞池」，所以發現白腹叢蚊的地方通常也代表附近有人居住。

另外，熱帶家蚊及白線斑蚊並能夠傳播犬心絲蟲，使貓狗感染致命的心絲蟲症。而地下家蚊、白腹叢蚊就目前所知，並不會傳播疾病。

蚊子的幼蟲期、蛹期皆在水中度過，唯成蟲階段離水生活。成熟的雌蚊將選擇適當的水域環境產卵，幼蟲孵化後便在該水域中生長。蚊子的幼蟲通稱「孑孓」，體細長而不具足，以水中的有機物顆粒為食。

想分辨蚊子的性別，可以從牠們的觸角形態來判斷。一般來說，雄蚊的觸角各節具有濃密的細毛，觸角外觀整體如羽毛狀（鑲毛狀）；雌蚊觸角上的毛較短且稀疏，觸角主體呈絲狀。

1 地下家蚊（*Culex pipiens molestus*）雌蚊。地下家蚊是冬天在都市樓房中很常見的種類。
2 白腹叢蚊（*Armigeres subalbatus*）雌蚊。在戶外被白腹叢蚊叮到，會特別有「感覺」。
3 白線斑蚊（*Aedes albopictus*）雌蚊。白線斑蚊分布於平地至低海拔山區，也常見於室內陰暗的角落。
4 白線斑蚊的頭部及胸部具有一條顯眼的白色線條，非常好認。

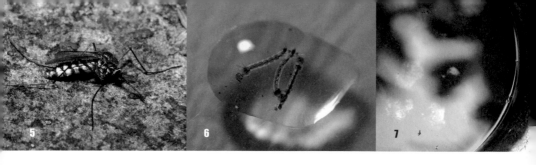

只有雌蚊才吸血？

一般而言，只有雌蚊會吸血，這是為了繁殖的目的所作的投資。交尾後雌蚊必須吸食動物血液，如此才能獲取足夠的蛋白質養分，以供應其卵巢內的卵發育；除了少數種類例外，如地下家蚊不吸血便能產卵。至於雄蚊一般則以植物汁液、露水、花蜜等為食，並不吸食動物的血液；而未交配過的雌蚊也會吸食植物汁液。

需要吸血的雌蚊，首先必須找尋叮咬的對象。除了以視覺追蹤獵物，蚊子還可藉由偵測動物身上散發的二氧化碳、乳酸等化學物質以及體溫，來搜尋獵物。其中乳酸是汗水中所含的成分之一，因此汗水味對蚊子具有相當的吸引力。

蚊子具有細長的刺吸式口器，雌蚊的口器有利於刺入動物皮膚中的微血管；然而雄蚊口器則因大小顎退化，不能穿刺動物的皮膚。

為了保持吸血時的暢通，蚊子唾液中的特殊蛋白質成分能抑制凝血，讓動物血液在其吸血過程中不會凝固，也能使血管擴張，利於吸血；然而某些成分同時會引起人體免疫系統的過敏反應，因此被叮咬處的傷口會腫脹，並讓人感到發癢。

有些人因為體質的關係，初遭某地區蚊子叮咬後，會產生較嚴重的過敏反應，外觀顯現較大面積的腫脹。但日後遭叮咬多次後，往往便能逐漸適應，過敏的程度逐漸減低，這是由於身體免疫系統對新的過敏原發展出耐受性的緣故。

5　白腹叢蚊一般並不會在室內出沒，但在戶外草叢中相當常見。
6　花器底盆中發現的白線斑蚊幼蟲。
7　花器底盆裡的積水，這是白線斑蚊幼蟲常出現的地方。
8　一種常見的搖蚊，體長約0.6~0.7公分。
9　戶外積水容器中發現的搖蚊幼蟲。

難解的擾人蚊蟲

　　為了遏止蚊子入侵房舍，現今家家戶戶常可見電蚊香、蚊香、捕蚊燈這類除蚊商品，然而蚊子所帶來的困擾自古便有，古早年代並沒有這些現代化道具，人類該如何確保一夜好眠呢？

　　古人除了發明蚊帳防蚊，也使用薰香的方法驅蚊。唐代孫思邈所撰「千金月令」中記載：「是月取浮萍陰乾，和雄黃些少，燒煙去蚊。」指以浮萍混合雄黃之燃煙，能夠讓蚊子忌避。其中雄黃是古代用途廣泛的殺蟲劑，用於驅蚊應有一定的效果。南宋詩人陸遊詩云：「澤國故多蚊，乘夜籲可怪。舉扇不能卻，燔艾取一塊。」（出自「燻蚊效宛陵先生體」，大意是：舉起扇子無法徹底驅趕蚊蟲，於是以艾草熏蚊。）由此可知，燃燒艾草束，使之產生濃煙也能驅蚊。古時提到艾草驅蚊的相關的詩句其實不少，意謂這似乎是普遍常見的方法。

　　古代印度人則是以燃燒印楝葉的方法驅蚊，十分類似中國燃燒艾草的方式。「印楝」（Neem Tree）是一種原產印度和緬甸等地的樹木，又稱印度假苦楝、印度蒜楝，其代謝物具抗蟲功效；將印楝的葉片放入倉庫或衣物中也能達到驅蟲的功效。

　　宋代古籍『格物粗談』：「端午時，收貯浮萍，陰乾，加雄黃，作紙纏香，燒之能祛蚊蟲。」宋謝溫革『瑣碎錄』：「夜明砂與海金沙，二味合同苦楝花。每到黃昏燒一粒，蚊蟲飛去到天涯。」這些描述中提到了將植物與不同材料混合，製作成如條狀、粒狀的道具，用以點火薰蚊蟲，可以看出當時已發展出類似「蚊香」的線香雛形。

The Fascinating World of Urban Insects

不吸血的搖蚊

　　搖蚊長得跟一般吸血的蚊子很像，但是牠們的口器已退化，並不會叮咬人。有時我們會在戶外見到稱為「蚊蛀」的一大團蚊蟲集結在空中飛舞，那八成就是正在求偶的雄搖蚊。由於搖蚊的幼蟲體內含血紅素，因此身體呈紅色，俗稱「紅蟲」，居家角落的積水容器裡常有機會可以發現。

不過這些天然的驅蚊材料，效果畢竟還是有限。大約19世紀晚期，日本人發明含天然除蟲菊精成份的蚊香，多年後並逐漸演變為今日我們所熟悉的滅蚊利器，以合成除蟲菊酯為主要成份的螺旋狀蚊香，而後更衍生出了電蚊香、液體電蚊香等產品。

我們所熟悉的牛仔褲，據說也和蚊子有段淵源。早期美國牛仔褲所使用的藍色染料，是以藍草作為原料提煉，此類成分所染製的褲子，兼具美觀與防蚊效果。「藍草」泛指馬藍、蓼藍、菘藍、木藍等數種可作為藍染的植物；其中如馬藍的成分氣味因具有忌避功效，也曾被人類使用於驅蟲，以避免蚊蟲叮咬。大概是因為防蚊的目的，使得牛仔褲的顏色大多以藍色為主。不過時至今日，牛仔褲所使用的染料幾乎以被合成染料所取代，已無抗蚊蟲之功能。

假如以現在的眼光來看，天然染料製作的古早牛仔褲，與現代防蚊商品相比，其效果必然不見得理想；不過蚊子所帶來的憂患無窮無盡，若有服飾業者推出標榜天然成分的「防蚊牛仔褲」，應當仍會有不少人躍躍欲試。

10　正在吸血中的白線斑蚊。
11　貓蚤（*Ctenocephalides felis*）。
12　短鼻牛蝨（*Haematopinus eurysternus*）。

The Fascinating World of Urban Insects

讓人發癢的吸血昆蟲

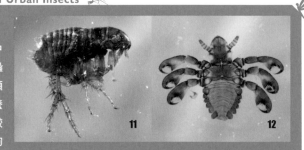

除了蚊子，吸血的昆蟲中最讓人熟悉的莫過於跳蚤和蝨子。跳蚤在居家環境出現的頻率並不太高，除非家中有飼養寵物，尤其有養貓經驗的人較有機會見到。貓蚤為流浪貓狗身上最常見的種類，會寄生在這些動物的身上，以其血液為食。

早期的環境裡蝨子相當常見，但隨著衛生條件的改善，現在已非常少出現在人身上，不過在哺乳類動物，如牧場中的牛隻身上還可以發現如短鼻牛蝨這類吸食牛血液的蝨子。

Chapter 5

城鄉綠地的
小生命

泥壺裡
的秘密

「蜾蠃」（ㄍㄨㄛˇ ㄌㄨㄛˇ）這個名詞應該不算常見，看起來似乎不容易記住，且讀音也很特殊。不過，可能有人曾在文言文裡讀過這兩個字，因為此名詞早在兩千多年前就已被中國人所使用。蜾蠃指的是胡蜂科蜾蠃亞科的一群昆蟲，由於牠們有造泥巢的習性，因此牠們也被稱為「泥壺蜂」。

許多泥壺蜂的巢是用泥土作成的，外觀就像個陶壺，是牠們生長階段所居住的地方。裡頭提供了充足的食物，又有一層泥製屏障，看起來既安全又舒適。不過也有一些例外，由於泥壺蜂的種類繁多且行為多樣，也有部分種類的巢並非單純的泥巢形式，而是將巢築在枯竹、枯木等植物體中。

泥壺蜂的「養子」？

古人觀察泥壺蜂的泥巢，發現泥壺蜂常會把蛾類的幼蟲給「帶回家」，也就是攜回自己的巢穴裡。然而一段時間後，泥巢中鑽出的卻不再是毛毛蟲，而是新生的泥壺蜂。因此當時的人以為泥壺蜂本身是不產子的，而是把非親生的螟蛉視同己出，在泥巢中悉心哺育養大，最後受到調教的毛毛蟲將長成泥壺蜂的模樣。

因此，在詩經的「小雅‧小苑」中便有這麼一段記載：「螟蛉有子，蜾蠃負之」。意思就是說，泥胡蜂載負著螟蛉，回到自己所築的泥巢裡。這

裡「螟蛉」所指的，即是某些蛾類的幼蟲。也由於古人認為蜾蠃有養育螟蛉的習性，因此「螟蛉」這兩的字的詞意也被延伸為養子的代名詞。

事情真的是如前人所推測的那樣嗎？這樣的觀念，如果以現今我們的角度來看，當然違背生物成長的常理，畢竟一種生物在經過悉心調教後轉變為另一種生物，終究是不可能發生的事。

到了魏晉南北朝時期，有位學者陶弘景對泥壺蜂進行仔細的觀察，才揭開了真相。陶弘景找來了一個泥壺蜂的泥巢，經過行為的觀察，並將巢剝開探究，他發現到，泥壺蜂將非己所生的蛾類幼蟲帶回巢，並非是要養育牠們，而是將之放置於巢中，要把這蛾類幼蟲囤積起來作為食物，藉以餵養自己的後代。所以說，最初古人所推論的泥胡蜂養育螟蛉，是不正確的，實際上是泥胡蜂把螟蛉當作子女的糧食。

建造穩固的巢

泥壺蜂雌蜂在繁殖期為幼蟲所做的兩件事，其一是準備好足夠的糧食，

1　虎斑泥壺蜂（*Phimenes flavopictus formosanus*）在濕地上吸水。虎斑泥壺蜂又稱虎斑細腰蜾蠃，是低海拔地區常見的泥壺蜂，通常在靠近山區的地方特別容易見到。

2　四刺飾蜾蠃（*Pseumenes depressus depressus*）正在吸食花蜜。這種泥壺蜂不造泥壺型的巢，而是選擇在竹子的莖上鑽孔育幼。

3　這隻黃胸泥壺蜂（*Delta pyriforme*）為了尋找適合的築巢地點，飛到雜物堆旁徘徊。

至於另一件事，就是得先建造供幼蟲居住的巢穴。除了成蟲期，泥壺蜂的發育過程是住在貌似陶壺的泥巢裡。

泥壺蜂的泥巢常出現在一些民宅的牆角、窗邊或通風處，以及野外的樹幹上。當雌蜂選定位置後，便會開始搜尋潮濕的泥土，然後一次又一次的親自搬運，將材料送到預定地點。接著慢慢用大顎將這些土塊塑成壺狀，周而復始，直至巢的雛形大致完成。如果土壤過於乾燥，雌蜂就會前往有積水的地方，以口汲取水分，再吐出與泥土混合成所需的泥漿。完工後，雌蜂就會在巢中產下自己的卵。待產完卵，最終的工作就是狩獵，尋找合適的獵物。

獵捕的對象通常是蛾或蝴蝶的幼蟲。若發現符合需求的獵物，雌蜂便以尾部的螫針進行攻擊，這麼做能使之麻痺，接著雌蜂便將這失去行動力的獵物帶回，順著預先留下的小洞放入巢中。如此反覆幾回，待獵物的量足夠，雌蜂才會停止狩獵，並將巢上的洞口封起。

泥壺蜂的巢通常會構築3至10個蜂室，亦即像小房間一樣彼此隔開，每個蜂室產下一粒卵，這樣可以讓幼蟲孵化後不會彼此干擾或誤食同伴。卵孵化後，泥壺蜂幼蟲便以親代事先準備好的獵物為食，在這衣食無虞的環境裡成長，歷經化蛹、羽化，等到變為成蟲時再鑽出巢。

泥壺裡的生存競爭

我在一些公寓裡也曾見過泥壺蜂的泥巢，牠們的巢是很容易進行自然觀察的對象。泥壺蜂的泥巢雖然有一層厚厚的泥土保護著，讓當中的幼蟲免於許多外在的危險，像是其他捕食性的昆蟲、蜘蛛等，然而有時也會見到一些成長失敗的例子。

就談談我夏天時看到的一個泥巢吧。有次走入一間小吃店，我注意到店家的牆壁旁有一片塑膠圍籬，那圍籬上有一團泥土，與圍籬相鄰的水泥牆上也有兩、三團泥土，這些土塊看起來像極了泥壺蜂造的泥巢，但僅有圍籬上的那一個外觀完整，其餘的皆殘缺不全。事實上從這幾個泥巢上的缺口可看出曾有泥壺蜂從中羽化而出，意謂這確實為泥壺蜂所製造。

當日，這個圍籬上的泥巢恰好有一隻泥壺蜂羽化爬出，雖然距離初次見到它時僅過了一個半鐘頭。這隻蜂停在泥巢旁，原來是一隻虎斑泥壺蜂，這種泥壺蜂在靠近山邊的建築物頗常見。我將泥巢取下翻過來看，泥巢裡共五個獨立的空間，也就是蜂室。這些蜂室皆已空了，看來我所見到的是最後一隻羽化的個體。

特別的是，五個蜂室中，有三個蜂室布滿了疑似寄生性蠅類的蛹殼，以及泥壺蜂幼蟲的少許殘骸，另兩個蜂室則分別留下一只泥壺蜂的蛹殼。這表示，各別五個蜂室的泥壺蜂幼蟲，只有兩隻順利長為成蟲；剛剛見到的，便是第二隻。至於另外三隻幼蟲，推測應是讓寄生蠅給寄生而早已死亡。此外也有可能是巢中的獵物在被泥壺蜂帶回前，早已遭寄生蠅給寄生，因而被其消耗殆盡，泥壺蜂幼蟲則因糧食不足而餓死。只能說，泥壺蜂的天敵還是有辦法突破這泥土屏障，真是一山還有一山高呀！

4　掛在圍籬上的虎斑泥壺蜂巢。
5　剛羽化的虎斑泥壺蜂。
6　泥壺蜂幼蟲歷經化蛹、羽化，等到變為成蟲時再鑽出巢。
7　將虎斑泥壺蜂的空巢剖開，可以看出這個巢共有五個蜂室。左側兩個蜂室的主人已成功羽化，右側三個蜂室的主人則遭天敵寄生而滅頂，蜂室內留下的是幼蟲殘骸及疑似寄生蠅的蛹殼。
8　這只虎斑泥壺蜂的泥巢上有兩個洞，是由成功羽化的虎斑泥壺蜂離巢時所造成的。

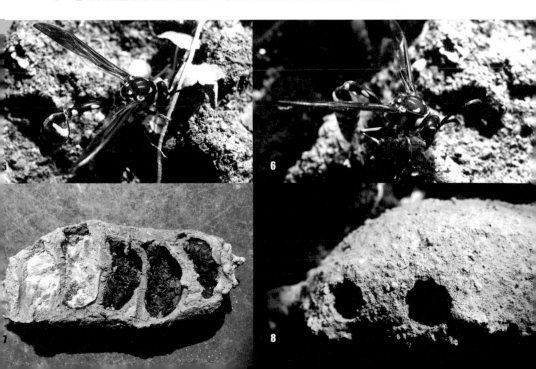

倒三角形的頭、一對看似不好惹的鐮刀手，這肯定是大多數人對螳螂的印象。螳螂是兇猛的殺手，天生肉食性，常埋伏在植物叢間，每當鎖定獵物，便會迅速的伸出那對特化的鐮刀狀前足，捕捉目標。

看看螳螂的身體，無時無刻不高舉著前足，再加上站立的姿態，以及能夠靈活轉動的頭，以外形而言，在節肢動物中，似乎沒有比螳螂更加「擬人化」的生物了。

若對著螳螂拍照，事後端詳起照片，你可能會發現，無論是從各種角度拍攝，螳螂那張三角臉，「眼珠」似乎總是不偏不倚的對著鏡頭！莫非牠是天生的模特兒，懂得拍照時要注視鏡頭？

你在看我嗎？

螳螂的一對複眼，是由無數六角形的小眼所組成。複眼中的那粒小黑點，往往看似對著眼前的你，貌似人類的瞳孔一般，讓人誤以為牠正轉動著眼珠，你走到哪就牠就瞪到哪。

其實，相機所拍到的螳螂眼中的「黑點」，其實是我們視線方向中，那些小眼底部細胞內的黑色色素。由於有上萬個小眼，於是我們無論從哪個方向瞧，都看得到、拍得到特定區域的色素（黑點），也就形成「對方」似乎都正好也都盯著自己的目光、朝自己看的錯覺。而螳螂雖有著廣闊的視野範圍，頭部並且可大幅度旋轉，但眼睛的構造其實是不能轉動

1　螳螂複眼中的那粒小黑點，往往看似對著眼前的你，貌似人類的瞳孔一般。
2　圖為寬腹螳螂（*Hierodula bipapilla*）若蟲。
3　前看、側看、俯看，怎麼「眼珠」老是對著鏡頭？
4　螳螂為不完全變態的昆蟲，若蟲的外表近似成蟲，但不具發育完整的翅。圖為寬腹螳螂的若蟲。

5

6

7

8

的。這看來好像轉來轉去的黑點，被稱作「偽瞳孔」；而這種現象在螳螂、一些甲殼類中特別明顯。

螳螂的複眼還有一項特性，每當夜晚或者光線較暗時，會轉變為深色。白天與身體顏色相同的眼，到了晚上則幾乎呈黑色，彷彿是戴起了一副墨鏡。其實，這是由於複眼中的色素，集中到了眼的最外層，這樣的現象有利於一些夜行性昆蟲在黑暗中的視力，也就是為了在晚上也能夠看清楚四周，便於生存與覓食。

9

發現鐮刀手「愛德螂」

螳螂這類昆蟲在分類上屬於螳螂目，全世界發現的種類有兩千種以上，已知台灣所產約有二十餘種。牠們一般身形細長，略呈扁平，前足用於捕食，中、後足則用於步行。前翅外觀為革質，後翅收疊其下，展開時呈扇狀。

螳螂為典型的肉食性昆蟲，平時移動緩慢，主要以活的昆蟲為食，若蟲及成蟲均能夠捕食蛾類、蝗蟲等昆

蟲。許多種類的螳螂時常會停棲於植物上，在一些公園、校園、近郊樹叢間都有可能見到牠們的身影。

為利於捕捉獵物，鐮刀狀的前足長得特別粗壯，內側並有一排銳利的刺，讓被捉住的獵物難以掙脫。螳螂又有著能夠靈活轉動的頭部，便於觀察四周動靜。螳螂為不完全變態的昆蟲，若蟲的外表近似成蟲，但不具發育完整的翅。在多次蛻皮後，翅膀始發育完整並達性成熟，成為成蟲。

致命的吸引力

螳螂最廣為人知的一項行為，就是雄螳螂冒著生命危險的交尾。螳螂的雌蟲通常體型比雄蟲稍大，腹部也較為粗大。交尾時，雌蟲常將雄蟲給吃掉，或是將頭給咬掉；有時甚至在交尾前，雄蟲便被對方當成獵物捕食。雖然這樣的情況並非總是發生，若運氣好，雄螳螂仍可在交尾後成功撤離。

雄蟲被吃掉的情況，通常發生在空間狹小或食物有限時。不過犧牲性命的代價，則是補充了雌蟲繁殖後代所需的能量營養。由於螳螂生性兇猛，專門捕食會動的生物，除了交尾以外的情況，同類間自相殘殺也可能發生。

交尾後若干日，雌蟲便將進行產卵。螳螂雌蟲會分泌一層泡沫狀物質，卵則包覆在其中，這物質在接觸空氣後會硬化結成塊狀，成為保護卵粒的卵囊。螳螂的卵囊又稱為「螵蛸」，通常黏附在植物枝條上，一般而言，其內含有約數十至上百粒的卵，能孵出許多小螳螂。

無論是行為或獨特的生活方式，從螳螂的身上，我們總是能看見許多令人驚嘆的本能。

5　寬腹螳螂成蟲。
6　棕污斑螳螂（*Statilia maculata*）成蟲。
7　台灣花螳螂（*Odontomantis planiceps*）若蟲。
8　微翅跳螳螂（*Amantis nawai*）雌成蟲。
9　螳螂晚上戴起了墨鏡？其實是眼睛在夜晚改變了顏色。圖為台灣寬腹螳螂（*Hierodula formosana*）成蟲。
10　台灣寬腹螳螂（又稱台灣斧螳）的卵囊，常出現在樹枝上。

墓園裡的
天牛
觀察課

想到天牛，你的腦海中應該會浮現出那修長的觸角，以及有花紋的堅硬身體吧？特別是那對長觸角，看起來就像是牛頭上的犄角，更讓牠們有了「天牛」之名。多往山上走走，總會有機會在野外遇見天牛，牠們的種類繁多，身上的花紋有各種不同的樣式，體型有大有小，通常很討人喜歡。

然而我們卻很少有機會看到天牛幼蟲，這主要是因為大部分天牛的幼蟲生活在樹幹裡，牠們以樹木的木質部纖維為食，吃、住都依賴樹木，也不可能離開樹木，所以我們很難親眼目睹天牛幼蟲的模樣。

天牛通常把卵產在樹木的樹皮下，卵孵化後，幼蟲便會鑽到樹幹中生活，直到羽化為成蟲時再從樹幹鑽出。由於不同種類習性各異，出現在各別樹種上的天牛種類不盡相同。也有某些天牛的幼蟲是以枯木為食，成蟲偏愛將卵產在已死的樹上，甚至有專門以樹木的根部為食的種類。

天牛幼蟲的藏身處

不過，有一種情況讓我們這些都市人有機會觀察到天牛的幼蟲，那就是掃墓的時候。

清明掃墓時，大家不僅剪除雜草、藤蔓，也會一併砍去祖墳旁那些糾結的雜木、自然長出的樹苗，現場會留下很多樹枝的殘片。由於墓園多處於山坡地，這類雜木林的環境適合許多天牛生長，因此那些殘枝斷幹，缺口處有時就能發現天牛的幼蟲，也有可能找到蛹，成了觀察天牛生命各階段的現成最佳教材。

如果在現場沒有找到幼蟲，也可以將一些廢棄的樹枝帶回，用鑿子割開來尋找；除了天牛，說不定還能找到其他的甲蟲。尤其是那些表面看得到一些孔洞或木屑的樹枝，很有可能就有天牛在裡面。不過因為天牛的生活史長，大部分種類的幼蟲期長達一年，或者一年以上，如果有意飼養，可能會是個不小的挑戰。但如果飼養成功，便有機會進一步記錄下蛻皮、羽化等過程。

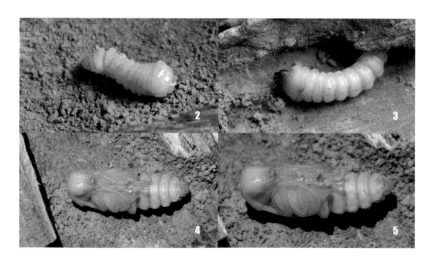

1　茶胡麻天牛（*Mesosa perplexa*）是墓園裡常見的種類，通常體長約15~17公釐。
2　茶胡麻天牛的早齡幼蟲。
3　茶胡麻天牛的終齡幼蟲。
4　茶胡麻天牛的蛹。
5　蛹多半是靜止不動的，除非受到碰觸，才會劇烈的扭動身體。

6   7

8   9

以我的經驗,墓地周邊常自然長出構樹及小葉桑等生命力強的樹種。特別是構樹一旦被清除後,隔沒幾年又會再長出一整片,清明時節在其樹幹中常能發現茶胡麻天牛的幼蟲,有時也會發現體型較小的亞洲長角天牛。

10

11

茶胡麻天牛的食性很雜,牠的幼蟲除了吃構樹之外,烏桕、小葉桑、相思樹等樹木也都吃,枯樹或活樹裡都有可能發現牠的幼蟲,甚至果樹如百香果,

---

6   茶胡麻天牛,墓園帶回的幼蟲長成的個體。

7   這是一隻剛羽化的茶胡麻天牛,正常狀態下此時的天牛還無法鑽出樹幹。我們可以發現,其身上的毛呈灰白色,翅鞘(前翅)也還未伸展完成,這是因為身體尚未定型。隔幾日後身上的毛將轉為正常的茶褐色。

8   茶胡麻天牛的頭部特寫,請注意看有什麼地方不一樣。此圖為羽化第2天,體毛為灰白色。

9   羽化第5天,體毛轉為茶褐色,顏色與剛羽化時明顯不同。

10 小葉桑(*Morus australis*)。

11 構樹(*Broussonetia papyrifera*)。

也是牠取食的對象。茶胡麻天牛的成蟲身上有茶褐灰色的密毛，身上斑紋類似樹皮，構成良好的保護色。這種天牛成蟲的食物和其幼蟲類似，在野外可以觀察到成蟲會有取食樹皮的行為。

天牛的成蟲歲月

　　天牛羽化後的身體變化，也是另一項值得觀察的主題。正常情況下，剛羽化的天牛，身體非常柔軟且行動遲緩，幾乎不活動，這個時期的天牛仍會藏身在樹幹中；至少必須經過3至4天，等到身體硬化定型，才會挖洞鑽出樹幹生活。但如果在樹枝中發現了蛹，只需將之靜置幾日，便能觀察到天牛剛羽化時的模樣。

　　若把天牛、鍬形蟲、獨角仙這三類常見的甲蟲做個綜合比較，可以從牠們幼蟲期的食物來了解其生活環境的差別。獨角仙幼蟲的食物主要是腐植土，所以幼蟲常待在比較肥沃的土中，有時也會出現在腐爛的朽木裡。鍬形

12　亞洲長角天牛的蛹，長約7公釐。於構樹斷枝的缺口處發現。
13　亞洲長角天牛（*Xenolea asiatica*），此為死亡的個體。
14　亞洲長角天牛為小型天牛，通常體長只有約6~9公釐（不含觸角）。

蟲的食物則是以朽木為主。比較起來，雖然兩者的食物範圍都屬於植物殘骸，且有部分是重疊的，但是一般而言，鍬形蟲取食的對象比較「新鮮」，也就是腐爛的程度較輕微。

至於天牛幼蟲取食的對象則通常是木材，可能是活的樹或枯木。相較之下，天牛所吃的食物，又比鍬形蟲吃的東西還要新。而有些略微腐朽的枯木也會與鍬形蟲的食物有些重疊，所以若將枯倒木劈開，偶爾也可能同時發現天牛與鍬形蟲的幼蟲。

天牛在分類上屬於昆蟲綱鞘翅目的天牛總科，目前台灣已有紀錄的天牛種類超過600種，牠們的種類繁多，並且所有成員都是植食性。天牛中有日行性的種類，也有專門在夜晚活動的種類。天牛幼蟲主要吃木材纖維，而長大後的天牛成蟲，也以特定的植物為食，且形式比幼蟲更多樣。有些天牛成蟲的食物和幼蟲類似，也是啃食樹幹或樹皮維生，所以有時會對樹木造成危害。有的種類則攝食特定種類樹木的葉片、花或樹液。另外也有部分種類的成蟲是不進食的。

有些果農很討厭天牛，一捉到就會立刻撲殺，這是因為農園裡的果樹往往也是不少天牛幼蟲的食物。幼蟲在樹幹內鑽洞蛀食，對果樹所造成的傷害可想而知。受天牛蛀食的果樹，嚴重者甚至會整株枯死，造成重大損失。所以天牛中的一些常見種類，在人類眼裡成了大害蟲。

除了這裡介紹過的天牛，近郊山區還可以找到哪些天牛的幼蟲呢？這就有待日後由你來發掘了。

15　曲紋虎天牛（*Chlorophorus signaticollis*），是低中海拔山區常見的種類。
16　星天牛（*Anoplophora macularia*），又稱馬庫白星天牛，平地至中海拔皆常見。寄主植物為柑橘類、苦棟及木麻黃等，也是有名的柑橘、荔枝等果樹害蟲。
17　黃星天牛（*Psacothea hilaris hilaris*）是低中海拔山區常見的種類，也被視為是桑樹的害蟲。
18　蓬萊巨顎天牛（*Bandar pascei formosae*），又稱刺綠大薄翅天牛。
19　蓬萊巨顎天牛是低中海拔山區常見的種類。

花紅葉綠間的薊馬

路旁的榕樹有幾片樹葉看起來不太一樣，兩側朝向中央對折，是人為刻意造成的嗎？不僅如此，有些葉子更是捲成了長條狀，表面還布滿了紅色與黑色的斑點。如此的外觀不禁讓人聯想到餐桌上的水餃與火鍋料，莫非葉子裡包覆著某些驚喜？

捲曲的蟲蟲睡袋

任選一片捲起來的葉子，翻開來一看，赫然發現數隻體態纖細、瘦瘦小小的生物藏身在葉片裡。原來這些捲起來的樹葉不光是「薊馬」的傑作，同時也是牠們棲身的大本營！

1

2

3

　　體型微小是薊馬家族成員的特色之一，常見的薊馬體長一般只有數兩、三公釐那麼點大，僅有少數種類體長會超過一公分。牠們外表的顏色常呈淡黃色、褐色或黑色。儘管牠們的身體如此的小，不過從那又尖又細長的腹部，再加上短小的足，我們可以輕易的將牠們與螞蟻、蜘蛛等小動物做區別。

多樣貌的薊馬集團

　　薊馬在台灣從平地至低海拔山區皆有分布。台灣產的薊馬種類數約在一百種上下，全世界的種類則有上千種之多。

　　大部分的薊馬以植物汁液為食，一般常見於植物的莖、葉、花上。但也有少數以花粉為食，以及肉食性的種類。植食性的薊馬一般以刺破、劃開植物表皮，吸取汁液的方式進食。某些種類薊馬的取食會造成植物樹葉變形或

1　翻開樹葉，薊馬現形，原來是一群榕樹薊馬（*Gynaikothrips uzeli*）。
2　圖中黃白色的個體為榕樹薊馬的若蟲，若蟲除了體色淺，身上的翅也尚未發育完全。
3　圖中黑色者為成蟲，榕樹薊馬體長約1~3公釐，四周散落的橢圓狀物為薊馬的卵以及若蟲孵化後留下的卵殼。
4　榕樹是都會環境的常見樹木。
5　榕樹的革質葉片相當厚實。
6　薊馬使榕樹的葉片捲起，並布滿紅色斑點。
7　找到這種葉片就不難搜尋到薊馬的蹤跡。

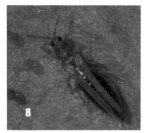

不正常生長，路邊榕樹上發現捲起來的葉子便是一個例子。榕樹上常見外表黑色的榕樹薊馬，牠們能夠促使樹葉由邊緣向中央捲曲呈圓筒狀，並藏匿其中。

榕樹薊馬的雌成蟲會將卵產在葉子表面，一群榕樹薊馬誕生後，以榕樹葉的汁液為食，常常造成樹葉捲曲變形，葉子表面則出現褐色如燒焦般的斑塊，久了以後葉子將會枯萎。公園或郊外有榕樹的地方，葉子上很容易發現牠們。

不同種類的薊馬食性不盡相同，除了榕樹上的種類，也有專門吃食花卉、蔬果的薊馬。人類社會裡，許多植物都有薊馬的存在，尤其是在農作物上，因此與人類的關係相當密切。薊馬普遍存在於農田裡的各種花卉、蔬菜、果樹，常因取食造成葉片外表變色；當作物遭到大量薊馬取食，則會導致葉片乾枯脫落。另外，牠們也可能攜帶病原，傳播植物疾病而影響收成。許多薊馬會將卵產在植物的嫩芽、嫩葉或花瓣之組織內或表面藉以繁衍後代。

8　花薊馬（_Thrips hawaiiensis_），體長約1.5公釐，這種薊馬常見於花卉與蔬菜上。
9　榕樹薊馬伸展翅膀。
10　榕樹薊馬背部的翅膀平時為收摺狀，展開時可見其外觀有如鳥羽毛一般。
11　停在眼鏡上的榕樹薊馬，看牠有多小！走在行道樹間，有時這類小蟲子會飛到人身上，就像這隻降落在我臉上的薊馬。
12　榕四星金花蟲（_Morphosphaera chrysomeloides_）。
13　網絲蛺蝶（_Cyrestis thyodamas formosana_）的蛹。
14　網絲蛺蝶的成蟲。
15　長斑擬燈蛾的卵。
16　長斑擬燈蛾（_Asota plana lacteata_）的幼蟲。

羽毛狀的纓翅

　　獨特的翅膀可說是薊馬的招牌特徵，薊馬的翅膀很特別，雖然如同大部分昆蟲一樣，薊馬具有兩對翅膀，然而薊馬成蟲的翅膀主要由一布滿許多細毛的長形主體構成，外觀如同迷你版的鳥羽毛。雖然這樣的構造，邊緣是由許多毛組成，並不像蜜蜂的翅那樣具有膜質的區域，對牠們來說仍然可用以飛行。薊馬家族在分類上屬昆蟲綱中「纓翅目」。「纓」，指的是用絲線般的穗狀飾物、繩索等物體，即是形容牠們特別的翅。

11

　　雖然許多薊馬因為會影響植物生長而被人類視為害蟲，不過也有對人類有益的種類。許多居住在花中的薊馬能幫助植物授粉；肉食性的種類則會捕食蚜蟲等的小型害蟲。儘管薊馬長得如此微小，細細探究倒也能發現當中的許多奧妙。

 The Fascinating World of Urban Insects

榕樹上有機會見到的蟲蟲

12

- ●榕四星金花蟲：這種小甲蟲的胸部具4個明顯的黑點，寄主植物包括榕樹、九丁榕、雀榕、島榕等榕屬樹種，在公園、學校裡的榕樹上都有機會看到牠們。
- ●網絲蛺蝶：這種蝴蝶又稱石墻蝶，翅上具有特殊的深色花紋，幼蟲取食多種榕屬植物，公園的榕樹上偶爾可發現牠們，野地郊區裡則數量更多。
- ●長斑擬燈蛾：或稱長斑擬燈夜蛾，分布廣泛，平地至中海拔地區皆可見，幼蟲以榕屬植物為食，常出現在榕樹、稜果榕等榕屬樹木的葉子上，尤其在榕樹上特別常見。

13

15

14

16

天生的 紙雕 藝術家

有隻長腳蜂停在步道旁的護欄上，牠在做什麼呢？仔細一看，咦？牠正賣力啃咬著木製的扶手！難道蜂兒平時除了採花蜜之外，還有其他不為人知的「副業」嗎？

答案揭曉！

其實，牠之所以這麼做，是為了要「蓋房子」。長腳蜂的巢本身幾乎可說是由紙所構成的，四處找來的這些木質纖維，能作為蜂巢的材料。舉凡樹木、木材、木質的藤蔓等，都是牠們重要的築巢資源。

用紙做成的家

春天時，開始有零星的蜂類出現。長腳蜂的雌蜂從越冬中甦醒後，開始忙著築巢，戶外逐漸可見新構築的蜂巢。當蜂巢有了大致的雛形，雌蜂便開始產卵。一段日子後工蜂誕生，雌蜂便不再外出，擔任起蜂后的角色，留在巢中專司產卵的工作。

　　團體生活、分工合作，是社會性昆蟲的特性。在巢裡生活的長腳蜂，階級分為蜂后、雄蜂、工蜂，而工蜂是沒有生育能力的。每當一隻工蜂長成，牠們便必須分擔整個團隊的工作，任務之一便是讓幼蟲能夠安全順利的成長。為了哺育後代，長腳蜂的工蜂必須努力築巢，提供足夠的空間容納幼蟲。

　　於是長腳蜂不斷的蒐集以樹皮為主的植物纖維，牠們咬下纖維，再與唾液、水混合，咀嚼咬碎成為紙漿狀。這些紙漿便成為了「建材」，能用來建造或修補蜂巢，所以巢本身其實是用紙做成的。逐日的分工作業，蜂巢和蜂群便漸漸擴大。有時長腳蜂也會就地取材，取用人類丟棄的紙類以及木製品為原料，所以若見到蜂巢上有疑似印刷品的紙張痕跡，也不用太感到意外。附帶一提，蜜蜂的巢可與牠們不同，蜜蜂是以工蜂本身所分泌的蜂蠟作為築巢材料，而不須四處蒐集材料。

1　築巢初期，黃長腳蜂雌蜂（蜂后）身兼多職，一面建造巢，還要負責育幼。黃長腳蜂常出現在野外或平地活動，此巢位於一棵食茱萸的樹幹上。
2　黃長腳蜂（*Polistes rothneyi*）停在一處木製護欄上，正賣力的啃咬著，原來牠打算咬下木材的纖維，帶回去利用。

3　　　　　　　　　4　　　　　　　　　5

　　我們在野外的樹木上，常可見到胡蜂類（包括長腳蜂、虎頭蜂等）或樹棲蟻類（常為舉尾蟻）以植物纖維所製成的巢。兩者對照，可發現胡蜂的巢通常附有短柄，懸掛在樹枝下，巢的質地類似紙張；蟻巢則往往不具柄，主體包覆在樹幹上，且質地粗糙。因此以造型來講，蜂巢可是比蟻巢來得精緻許多。然而「虎頭蜂」與「長腳蜂」的巢之間，彼此又有差異。虎頭蜂的巢通常是封閉式的，外部包了一層殼，使得外表看不見六角形的蜂室，內部不但複雜，又具有多層的結構。長腳蜂則為開放式，蜂室外露，外表可見許多開口朝向地面，也比較容易觀察。

　　若以規模來說，一個成熟的虎頭蜂巢彷彿多層樓的建築，長腳蜂巢則只有一層樓；因此，一窩虎頭蜂的數量可達一窩長腳蜂巢的數倍。除了巢的規模以外，牠們的習性也大不相同。在長腳蜂的巢周圍，除非我們主動騷擾或是觸碰蜂巢，一般並不會遭受攻擊；虎頭蜂則相當危險，常主動攻擊接近其領域的生物，螫傷人畜的事件時有所聞。這些胡蜂類的蜂巢，週期通常為一年，到了冬天往往便面臨廢棄的命運。大約秋季以後，巢裡會逐漸出現有生殖能力的雄蜂與雌蜂。雄蜂在交尾後會逐漸死亡，巢中的蜂后、工蜂也將陸續死去，雌蜂則開始準備越冬，等待隔年春天來臨。

用肉球大餐餵食下一代

　　有時在野外能見到長腳蜂、虎頭蜂等蜂類四處狩獵，獵捕其他昆蟲的畫面。這樣的行為，其實並不是打算將獵物作為自己的食物，而是為了將這些食物攜回巢內，用以餵養幼兒。長腳蜂幼蟲是肉食性的，與素食主義的蜜蜂大不相同。

　　這項工作一般由工蜂進行，狩獵的對象則是以蝶蛾類幼蟲為主，但牠們也會獵捕蟬、竹節蟲等昆蟲。每當發現獵物，即以大顎將獵物撕裂、咀嚼，並以足輔助將其搓揉成肉球狀。肉球完成後，便將其帶回巢中。一般在回巢後，在巢上待命的同伴會向前切割瓜分之，隨後分別將這些小肉塊拿來餵養幼蟲。儘管獵殺昆蟲的行為駭人，事實上成蟲卻非葷食，僅以花蜜、花粉為食。

3　屋簷下的褐長腳蜂（*Polistes tenebricosus*）以及牠們所築的巢。褐長腳蜂的巢常常出現在鄉村的建築物旁。
4　這隻褐長腳蜂蜂后居然把巢的位置選在監視器上！
5　褐長腳蜂的巢特寫，當中可見六角形蜂室內的幼蟲。
6　這是樹棲性蟻類的巢，與蜂巢相較，看起來粗糙了許多。
7　訪花中的褐長腳蜂。

一般我們所稱的「長腳蜂」，是指膜翅目胡蜂科長腳蜂屬的種類。因為這些蜂飛行時，細長的後足懸在空中，看起來似乎佔身體的比例不小，因此日本人稱之為長腳蜂，這樣的俗稱也常為台灣人所使用，而很多中國人則慣於稱呼牠們為「馬蜂」。此外因為牠們造巢的習性，英文也常稱之「紙蜂」。

部分種類的長腳蜂，築巢地點經常鄰近人類的建築物、活動區域，有時也會寄人籬下，直接在近郊居家房舍的屋簷下定居，可說是一群與人類生活相當接近的昆蟲。

儘管部分大眾對於一些蜂類的印象或許偏向負面，甚至避之唯恐不及，因為牠們具有攻擊性；不過從生態的角度來看，胡蜂類除了能夠幫助植物授粉，也能捕食森林害蟲。牠們具有維持生態平衡、控制害蟲密度的功能，對人類來說，可是扮演益蟲的角色。此外，牠們也是鳥類、某些蜘蛛或其他昆蟲的食物。野外的蜂巢其實也是很好的教材，可以讓人類從中認識蜂類的生態，除非巢的位置對人類而言有安全上的顧慮，才需要考量是否請專家進行處理。

虎頭蜂與長腳蜂

俗稱的「胡蜂」（Wasp）一詞，牽涉到許多不同種類的蜂，其中較為人所熟知者為虎頭蜂、長腳蜂以及獨居性的泥壺蜂。虎頭蜂和長腳蜂是過著團體生活的社會性昆蟲，泥壺蜂則屬於獨棲性。牠們的共同點為身上具有由產卵管特化而成的螫針。

台灣虎頭蜂的成員包括胡蜂總科中的胡蜂屬（Vespa）的種類，長腳蜂的成員通常是指長腳蜂屬（Polistes）的種類；此外鈴腹胡蜂屬（Ropalidia）、異腹胡蜂屬（Parapolybia）也常被歸為廣義的長腳蜂。長腳蜂的蜂巢通常為一層懸吊在空中的蜂室，虎頭蜂的蜂巢結構較為複雜，其外有層外殼，內部具多層蜂室。

8　一隻正在啃樹皮的棕長腳蜂（Polistes gigas）。牠這麼做也是為了取得木屑來築巢。
9　在濕地上攝取水分的棕長腳蜂。棕長腳蜂為體型較大的種類，其體長可達4公分。
10　正在搓肉球的黃長腳蜂。
11　黑尾虎頭蜂（Vespa ducalis）是一種低海拔地區常見的虎頭蜂。
12　一個剛建立沒多久的虎頭蜂巢，巢的外表看不到蜂室。
13　黃長腳蜂會拿搓好的肉球來餵食幼蟲。

1

花椰菜上的
小菜蛾

不少家庭主婦應該會有這類經驗，發現剛買回來的新鮮花椰菜，裡頭爬著綠色、小小的菜蟲，或者莖上面黏著特殊的繭。不只如此，這菜蟲的成蟲偶爾也會露面，可能就在準備切菜之際，突然活生生的從食材裡飛了出來。

不過，以上遭遇或許多數人都還能接受，大家比較不願見到的，想必莫過於當食材已下鍋，熟透了的蟲子才赫然浮現，若餐飲業發生這種事情，甚至還會引起消費者與餐廳業者間的糾紛呢！

曾經看過一則新聞，一間連鎖餐飲店的火鍋湯頭裡發現了數隻綠色的菜蟲，讓顧客差點一口吞下肚（說不定已吞下若干），緊接著鏡頭拍到了引起問題的食材，是花椰菜！這些到底是什麼蟲呢？

仔細看了看電視上播放的影像，原來又是小菜蛾惹的禍。

其實會啃食花椰菜的昆蟲頗多，以我自己的經驗來說，菜市場買回來的新鮮花椰菜上所發現者，以小菜蛾的幼蟲最為常見。牠們是隨著採收的蔬菜一起被帶到市場，再輾轉來到消費者的手中。不過這種外形不起眼的蛾類成蟲，大家可能比較不熟悉。

2

十字花科蔬菜上的常客

　　小菜蛾是田園中的常客，在都會或鄉下的菜園裡也很容易被找到。牠們也被稱為菜蛾、方塊蛾，是世界上有名的蔬菜害蟲。小菜蛾幼蟲會啃食許多種類的栽培蔬菜，因此農人在田裡栽種的甘藍菜、花椰菜、蘿蔔、包心白菜等植物上面，經常能見到牠們的蹤影。目前已知小菜蛾的寄主植物達30種以上，但僅限於十字花科的植物。

　　人類食用的蔬菜大部分屬於植物的葉子，葉子表面就算長了蟲，也容易挑去或隨著清洗而除去蟲體。然而我們所吃的花椰菜，屬於植物的花，花梗分枝密布，所以有不少縫隙，不但容易讓小蟲藏身，採收時也不易徒手去掉蟲體，進食中的幼蟲，或者剛羽化不久的成蟲，便有可能隨著採收被人們攜入室內。這大概就是為什麼花椰菜上特別容易發現小菜蛾的原因了。

　　小菜蛾的幼蟲外表黃綠色，軀體的兩端較為纖細，中央則顯得較粗大。由於幼蟲受到驚擾時，經常會利用絲以「垂降」的方式，從葉子或枝條掉落藉以逃避敵害，因此牠們又被稱為「吊絲仔」、「吊絲蟲」。小菜蛾幼蟲期共分為4齡，初齡幼蟲僅取食葉的葉肉，留下葉片的上表皮，因此菜葉上會

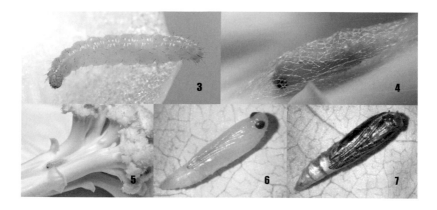

1　小菜蛾成蟲停棲時，一對前翅合攏，這道波浪狀紋路便會呈現出近似三個相連菱形的模樣。
2　小菜蛾的幼蟲、繭以及幾隻蚜蟲，出現在菜園裡的油菜葉子上。
3　小菜蛾（*Plutella xylostella*）的幼蟲。
4　這是小菜蛾的繭。
5　菜市場買回來的花椰菜，裡頭赫然發現一個奇特的繭。
6　小菜蛾繭中的蛹之模樣。
7　即將羽化的小菜蛾蛹，已透出體色。

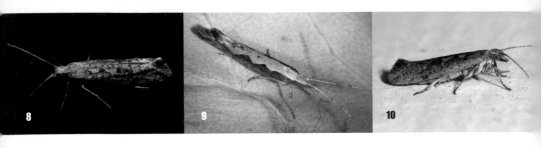

形成「開天窗」般的透明層，這其實是僅存表皮的缺口。3至4齡的幼蟲則會將葉子啃食成孔洞，一旦族群量增加，整株植物往往會變得坑坑洞洞的，或者將葉片全都吃光，而造成農作物的損失。

發育成熟的小菜蛾幼蟲會在植株上吐絲，結成一層薄薄的繭，並在繭中化蛹。繭呈灰白色、外觀有如薄紗，黃綠色的蛹則藏身其中。同樣的，蔬菜上亦能發現小菜蛾的卵，其卵外觀呈淡黃色，通常會零星散布在植株上，但因其體積微小，比較容易被人忽略。

小菜蛾和許多常見的蝶蛾一樣，以植物為食的階段僅限於幼蟲期，成蟲則以花蜜、露水為食。成蟲體長約0.6至1公分，身體和翅膀外表呈灰褐色，前翅後緣具有一道黃白色的波浪狀紋路，是牠們最明顯的特徵。當成蟲停棲時，一對前翅合攏，這道波浪狀紋路便會呈現出近似三個相連菱形的模樣。

小菜蛾在台灣一年大約有15至20代，繁殖快速。成蟲晝伏夜出，雖然飛行能力有限，但牠們能順著風飛行，向遠處大範圍的散布，因此助長了牠們成為蔬菜的大害蟲。

有蟲即有機的迷思

既然小菜蛾這麼常見，牠們的出現能否跟有機蔬菜畫上等號呢？每當我們發現花椰菜上有蟲，是否意謂它沒有噴農藥，是比較「安全」的蔬菜呢？

---

8 此為小菜蛾冬天的個體，背側的斑紋較不明顯。
9 小菜蛾成蟲的身體和翅膀呈灰褐色，前翅後緣具有一道黃白色的波浪狀紋路，是最明顯的特徵。
10 春節期間從菜市場買菜回來後，家裡的牆壁上便出現了小菜蛾的成蟲。
11 白粉蝶（*Pieris rapae*）的幼蟲。
12 出現在公園裡的白粉蝶。白粉蝶的外表跟緣點白粉蝶非常相似。
13 緣點白粉蝶（*Pieris canidia*）的幼蟲。
14 在公寓陽台種一盆油菜，結果吸引到緣點白粉蝶前來。牠們不僅產卵在油菜上，成蟲也會吸食油菜花的花蜜。

那可未必，因為小菜蛾最令人頭痛的問題，就是嚴重的抗藥性。自從1953年發現小菜蛾對DDT產生抗藥性後，人類便察覺到牠們非等閒之輩，能夠逐漸適應不同的化學藥劑。

何謂抗藥性呢？簡單的說，即是某種用於防治害蟲的有效農藥，使用一陣子之後效果逐漸降低的現象。比如說，國內引進一種新農藥，初期可以順利撲滅田間的小菜蛾幼蟲；然而經過數年的使用，小菜蛾可能逐漸適應此農藥，變得難以消除。

在藥劑種類有限且藥效降低的情況下，為了不影響收成與販售，有些農人嘗試使用生物防治的手法，或配合耕作防治，例如以輪作的方式抑制害蟲蔓延，以期能改善害蟲問題。不過也有業者為了壓制這群害蟲，而逐漸增加農藥劑量、施用次數，但就算超量使用農藥，恐怕也難以將牠殺死，而且這樣一來，成本與所造成的污染反倒大幅增加。因此該如何避免抗藥性的產生，已成為當前小菜蛾防治的重要課題。

The Fascinating World of Urban Insects

菜園裡常見的兩種蝴蝶

到菜園裡走一圈，十字花科的蔬菜如甘藍、花椰菜、油菜等，這些植物上可能會見到一些綠色的毛毛蟲。這些外表綠色的毛毛蟲，不只是小菜蛾的幼蟲，當中也可以找到蝴蝶的幼蟲。白粉蝶（紋白蝶）的幼蟲是比較常見的種類，有時也會發現緣點白粉蝶（台灣紋白蝶）的幼蟲。

在都市裡，前述兩種蝴蝶的成蟲也很常見，甚至有時會飛到社區吸花蜜呢！只是因為這些蝴蝶的幼蟲主要以十字花科的食物為食，一般人又很少會在自家陽台種蔬菜，所以不一定能有機會遇見牠們。不信的話，試試看在自家陽台擺一盆油菜，通常過不久就會有白粉蝶幼蟲出現在上面。

白粉蝶和緣點白粉蝶的幼蟲有時會混在一起出現，要怎麼區分兩者呢？通常這些幼蟲身體背側會有一條黃色中線，緣點白粉蝶的中線清晰而易見，而白粉蝶身上的中線較不明顯，或者甚至幾乎看不到中線。這兩種蝴蝶成蟲的外觀也非常類似，不過緣點白粉蝶的後翅背側的邊緣有一整排的黑斑，而白粉蝶後翅背側則幾乎呈白色，僅有一枚黑斑。

蓮霧
大頭蟲

　　春天的蓮霧樹，葉子上總是布滿了被蟲咬過的痕跡。因為栽植普遍，蓮霧這種果樹在平地或一些小山坡上很常見。只要在充滿缺口的枝葉上稍微留意一下，經常可以找到這葉子上坑洞的製造者，一種外表滑稽的毛毛蟲。

　　這種毛毛蟲跟一般植物上常見的蝶蛾幼蟲比起來，牠們的身體構造顯得與眾不同。蟲子的前半身，像是長了瘤般的腫起，看起來頗為沉重。若是遠看，說不定有人會把牠誤認為蝸牛，那麼請再靠近點看，其實牠們還是有著一般毛毛蟲的特徵。

戴著安全帽的毛毛蟲

　　這些外表奇特的生物是「蓮霧赭夜蛾」的幼蟲。腫大的肉瘤其實並非頭部，也不是因為受了傷所以腫大，而是牠們特化的胸部。真正的頭則藏在前端，平時只露出一小部分。

　　這種蛾類分布在低、中海拔山區，寄主植物為多種桃金孃科的植物。幼蟲所取食的桃金孃科植物，除了常見的蓮霧之外，像是「水翁」這種引進的喬木也是牠們的食物之一。牠們常會危害栽培的蓮霧果樹，因此也算是一種相當常見的害蟲。

2

蓮霧赭夜蛾又名「赭夜蛾」、「蓮霧赭瘤蛾」，是低海拔地區常見的蛾類。「赭」這個字，是指赭紅色，表示暗紅、紅褐色的意思，名稱源自牠們成蟲的顏色。成蟲外觀為紅棕色，並具有一對鮮紅色的雙眼。幼蟲一般為綠色、褐色，胸部腫大。平時牠們將頭部藏在胸部前，只露出一部分，看起來就像是一顆長了瘤般的大頭。至於為何要背負如此龐大的胸部構造呢？膨大的胸部，推測除了貯存養分以備不時之需，還有著防禦敵害的功用。就像是戴著一頂安全帽一樣，巨大的肉瘤覆蓋著頭，同時也保護著頭部。

3

1　蓮霧赭夜蛾（*Carea varipes*）的幼蟲，模樣相當逗趣。
2　蓮霧赭夜蛾幼蟲一般為綠色、褐色，胸部腫大。平時牠們將頭部藏在胸部前，只露出一部分，看起來就像是一顆長了瘤般的大頭。
3　只要在充滿缺口的蓮霧枝葉上稍微留意一下，通常不難找到罪魁禍首的昆蟲。

作繭自縛是成長的必經過程

在蓮霧樹上搜索一番，還可以發現一些蓮霧赭夜蛾的繭。繭對蛾類來講頗為常見，許多蛾類都有造繭的習性，就像蠶蛾一樣。這些由一條條絲線密密織成的繭，主要可以保護不具行動能力的蛹不受天敵危害，並且能防雨避旱。赭夜蛾的幼蟲即在化蛹前製造褐色的繭，將身體包覆在繭內，就像裹了一條毛毯一樣。儘管蝶蛾類幼蟲都有吐絲的能力，但蝴蝶的蛹通常是裸露著，僅由一道絲線固定在植物上而不造繭。

看來牠們不僅是幼蟲與眾不同，繭的外表也相當特殊。這些繭的表面，特別是兩端，密集散布著奇特的刺狀構造。細看這些刺，是由毛狀絲線聚集而成，堅挺而帶有韌性。再看看這些繭的位置，也相當的多元化。有的繭簡單的附著在葉片背面，有的則是把鄰近的幾片樹葉「縫」在一起，緊密地覆蓋著繭。看來這些繭也是大有文章，不僅幼蟲時期可以保護自己，蛹期也能製造出顏色近似枯葉的繭以躲避敵害，甚至再將樹葉做為第二道屏障，安穩的藏匿其中；繭外的刺狀構造也能嚇阻別種生物接近，保護自身安全。假以時日，便能蛻變成肥嘟嘟的成蟲。

混淆視聽的生存法則

把自己想像成取食昆蟲維生的動物，例如鳥類，當見到一隻如此外貌的蟲，也許會將牠誤認為蝸牛，並把腹部末端的圓錐狀突起當作是頭部。如此一來，覆蓋在肉瘤下的頭部要害便得以躲過致命的一擊。然而如果當我認定這是一隻蟲，而非蝸牛，也許會將脹大的胸部視為是牠的頭部；同樣的，受層層包裹的真正頭部仍然可以在第一時間躲過攻擊，並伺機逃竄。在大自然裡，許多生物的外表都能夠混淆視聽。我們對於外在現象的論斷也許不盡然都是正確的，甚至似是而非。外表的假象，往往蒙蔽了事實。

---

4 蓮霧赭夜蛾的繭，外表有一些由絲構成的黑色刺狀構造，摸起來柔軟帶有韌性。

5 樹葉上有一粒蓮霧赭夜蛾的繭，而另一隻終齡幼蟲也看上這個位置，依附在同伴的繭旁，也準備吐絲作繭。

6 蓮霧赭夜蛾的成蟲外觀為紅棕色，並具有一對鮮紅色的雙眼。

7 蓮霧赭夜蛾又名「赭夜蛾」、「蓮霧赭瘤蛾」，是低海拔地區常見的蛾類，名稱源自牠們成蟲的顏色。

6

7

與蟋斯的親密接觸

對於蟋斯，我有兩件記憶深刻的事。

我童年剛上小學時，熱衷於探索校園裡的昆蟲。那陣子總喜歡把蟋斯和蝗蟲捉來觀察，仔細端詳後再放走。每次抓在手上，其實就是看看這隻認不認得，是否還有機會找出「沒見過的蟲」。想要接近這些小昆蟲並不難，只要走過教室前草地，或者撥開一叢稍長的芒草，蝗蟲、蟋斯便紛紛飛出，有時在草地上還能找到螳螂、葉蟬等昆蟲。

原來蟋斯也吃葷

小時候的我誤以為蟋斯、蝗蟲皆是溫和的植食性昆蟲，畢竟牠們皆有一對強而有力的後足、善跳躍，體色相似、體型相當。直到有一次，我徒手捕捉一隻大剪斯成蟲，才赫然驚覺，這看似纖細的生物，牠們與外形相仿的蝗蟲原來並不一樣，習性也有些不同。

我在一根稍長的芒草葉上發現牠。那隻大剪斯體長約有8公分，這樣的大小在那時對我來說當然是前所未見的龐大，看來似乎很有挑戰性。捉住牠後，我以手輕輕捏著牠的胸腹之間，正打算看個究竟，沒想到牠居然轉過頭，一口咬住我的手。驚嚇之餘，當下手便鬆開，牠馬上跳回了草堆裡。此後，我接觸蟋斯也變得特別謹慎，深怕再給咬上一口。後來的幾年間，除了觀察到大剪斯及其他種類蟋斯捕食小昆蟲的行為，也陸續從朋友口中聽到不少接觸大剪斯時被咬的案例，看來這種蟋斯的攻擊性還真是聲名遠播。

就一般習性而言，蝗蟲是植食性昆蟲，大多為日行性。而蟋斯則是雜食性，牠們除了以植物葉片為食，也會捕食其他的昆蟲，行為以夜行性為

1　　2

主。但其實大剪斯這種螽斯本來就生性兇猛，具有一對強壯的大顎，且地域性強；至於其他的螽斯似乎就沒有那麼具攻擊性。

3

夜裡的情歌

另一個經歷是冬天夜晚時台灣騷斯鳴聲的震撼。很多人應該都聽說過，螽斯能夠發出鳴聲，因此向來有「紡織娘」的美名。夜裡此起彼落的鳴聲，其實對螽斯來說別具意義，因為聲音是螽斯溝通的工具。我們口語上或許常會稱螽斯發聲的動作為「鳴叫」，但實際上，這聲音來自摩擦翅膀所發出的聲響，並非由口部所「唱出來的」。一般只有螽斯雄蟲才有發聲的構造，雌蟲則是不發聲的。有不少種類的螽斯，製造出的聲音不僅音量大，且音色尖銳如機械聲，類似早期織布機運作的聲響，這對人類來說或許沒有想像中的動聽。

我曾在冬天的夜晚，聽見草地上的螽斯集體作響。從各個聲音的來源判斷，聽起來似乎大部分為同一種類，那音色單調而且極為響亮。我將目光往最近的一處聲源搜尋，手電筒一照，發現兩隻台灣騷斯停在草地上，彼此相距不遠。一隻是正鼓著翅膀的雄性，鳴聲也正從牠身上傳出來。另一則為雌性，應是受雄性鳴聲吸引而前來。當然四周仍有不少牠們的同伴藏身在距離較遠的植物叢裡。

我一邊觀察，同時聽著這隻雄蟲鳴聲的節奏。當牠開始發聲時，會先有一段聲響強弱交替的「前奏」，之後接著的是較整齊、音量平均的「主奏」。與其他各種螽斯相比，牠的音量算是頗大的。這群螽斯的合奏，幾乎可以比擬夏天白晝時蟬鳴那般響亮，不過並不至於讓人覺得刺耳。

1　褐背露斯（*Ducetia japonica*）的雌成蟲。褐背露斯分布於低海拔環境，是草地上很常見的種類。

2　台灣騷斯（*Mecopoda elongata*）成蟲。常見的螽斯，體色常為綠或褐色，體型大，鳴聲響亮。

3　草地上的大剪斯（*Pseudorhynchus gigas*）若蟲。大剪斯的成蟲體長可達8.4公分（不含觸角），為台灣所產螽斯中體型最大者。

我再將這隻台灣騷斯雄蟲捧在手上，牠並沒有逃跑，也沒有任何打算起飛或跳起的動作，我猜也許是當時氣溫太低以致行動緩慢吧。然而牠們居然能在這樣的環境下鳴叫，且製造出如此高的音量，帶給冬夜格外特別的氣氛。而此後因為工作的關係，我較少在夜晚出門，便很少再聽到類似的集體鳴叫。

紡織娘的聲音語言

除了前述提到的兩種螽斯，夏天、秋天時在草叢或樹木間還可以發現很多常見的種類。當然不同種類的螽斯，其雄蟲所發出的鳴聲聲調、音量皆不同，各有其特色。

一般我們聽到螽斯鳴叫，主要是在夜間。特別是繁殖季節時，鳴聲群起，熱鬧非凡。螽斯發聲的原理，主要是摩擦前翅，利用翅上凸起的構造相互摩擦而發出聲音。如果要形容這機制，就好像是我們伸出食指，將指甲沿著一把梳子劃過，指甲與梳子齒列間摩擦發出聲響那般的情形。

鳴聲對螽斯本身而言，具有求偶、宣示領域、示警的效果。其中求偶是最主要的目的，我們最常聽到的，也就是螽斯雄蟲為求偶所發出的鳴聲，稱為「正趨鳴叫聲」，對雌蟲具有吸引的效果。當螽斯感受到周圍有其他同性競爭，也能發出具有較多音節的聲音威嚇，以爭取交尾機會，這類鳴聲稱為「攻擊聲」。若螽斯雄蟲遭天敵或人類捕捉時，這時我們可能會聽到受困的螽斯發出斷斷續續的鳴聲，這種鳴聲則稱為「抗議聲」，可警告同類停止鳴叫，用意是避免讓天敵發現行蹤。

長相雷同的直翅目昆蟲

先前提過，螽斯和蝗蟲的外表相似，這兩類昆蟲同為直翅目的種類。但其實我們可以從幾處特徵來

區別兩者間的不同。其中幾處最容易辨識的地方為，螽斯的觸角為絲狀、細長，通常長度超過身體；蝗蟲的觸角較短且粗。我們在螽斯雌蟲的腹部也常可見到一根細長的產卵管，蝗蟲的產卵管則常為鉤狀且長度短。螽斯前足上具有一對聽器，又稱「鼓膜器」，內有聲音感覺細胞，功能相當於我們耳朵；蝗蟲的聽器則位於腹部，蝗蟲成蟲的聽器平時因為被翅所覆蓋，因此外觀通常是看不見的。

其實善於發聲的直翅目昆蟲不只是螽斯，還有我們所熟知的蟋蟀，蟋蟀發出聲音的方式與螽斯較為類似，也是依靠摩擦翅膀發聲。而許多蝗蟲也有發聲的能力，然而蝗蟲發聲的方式不同於螽斯，而是以摩擦翅腿的方式發聲，由於發出的聲音往往並不明顯，因此不太容易被我們發現。

4　秋冬時節的夜晚，台灣騷斯在植物叢間求偶。
5　台灣騷斯停在濃密的樹叢間，不停地摩擦翅膀所發出的求偶聲響，是暗夜吸引雌蟲的唯一途徑。
6　台灣擬騷斯（*Sympaestria truncatolobata*）是中、低海拔山區常見的螽斯。
7　大草螽（*Conocephalus gigantius*），常停棲在草叢上方，為低海拔地區常見的螽斯。
8　蝗蟲的觸角粗短，體色通常為綠或褐色。此為斑角蔗蝗（*Hieroglyphus annulocornis*）。
9　蟋蟀的觸角長，體色常呈暗褐色。此為黃斑鐘蟋蟀（*Cardiodactylus novaeguineae*）。

 The Fascinating World of Urban Insects

蝗蟲、螽斯與蟋蟀

　　蝗蟲、螽斯與蟋蟀皆為直翅目的昆蟲，彼此為近親，因此外形相似。牠們均具有跳躍式的後足、咀嚼式的口器，以及特殊的聽器與發音構造。

　　蝗蟲和螽斯體色常為綠色或褐色，蝗蟲的足較粗壯，螽斯則較纖細，身體也較為扁平；蟋蟀體色則較深，一般偏暗褐色。蝗蟲的觸角短，螽斯和蟋蟀的觸角較長，螽斯觸角長度甚至超過自身體長。蝗蟲雌成蟲的產卵管呈短鉤狀，螽斯的產卵管常為細長的劍狀，蟋蟀的產卵管則常呈管狀。蝗蟲的腹部兩側具有一對聽器，螽斯和蟋蟀的聽器則皆長在前足脛節上。

　　螽斯和蟋蟀能夠利用摩擦翅膀發聲，蝗蟲則是利用摩擦翅腿發聲。蟋蟀的右翅疊在左翅上，藉著左翅上的彈器摩擦右翅下方的弦器發聲；螽斯則通常左翅在上、右翅在下，以右翅上的彈器摩擦左翅下的弦器發聲。蝗蟲則是以後足上的突起與前翅基部的弦器互相摩擦的方式發聲。

豆娘
相愛的
證據

　　我們如果對豆娘的行為和生活感興趣，在水畔邊發現豆娘的蹤影時，可以試著觀察牠們交尾和產卵的行為。然而因為這類水棲昆蟲對環境品質的要求較高，在鄰近郊山的環境會比較有機會遇到。

　　豆娘交尾時，身體彷彿構成「愛心」般的形狀，姿態相當獨特。交尾對豆娘成蟲而言，幾乎是除了覓食以外最主要的任務。每當尋找伴侶中的雄蟲發現了理想對象，往往便會強行捉住對方，而雌蟲通常也不加以反抗，彎起身子便順利完成交尾。由於牠們飛行速度不快，偶然在池塘或河畔見到幾隻成對的豆娘，其實只要放慢腳步，避免動作過大，很容易就能做近距離的觀察。

兩兩相對的永結同「心」

　　乍看之下，交尾中的豆娘，彼此身體的「末端」，跟另一方身體的「前半段」是連接在一起的。想想看，這樣的動作，有沒有可能出現在別種

生物上？看起來好像不是那麼常見。為什麼豆娘總是以這樣的姿態呈現，而不同於昆蟲常見的「尾對尾」的交尾動作呢？

　　當中奧秘在於牠們的身體構造。豆娘細長的腹部一般由10個體節所組成，雌蟲、雄蟲在腹部末端皆長有生殖器；然而，雄蟲的腹部前端（第2至3節）具有一用做交尾用途的「交尾器」構造。交尾時，雄蟲會用腹部末端鉤狀特有的「攫握器」（或稱肛附器」）抓住雌蟲胸部（前胸，頭部後方），雌蟲再接著彎曲腹部，將生殖器與雄蟲的交尾器相連，便形成了如此的心形姿態。稍微注意看看，一對交尾中的豆娘裡，貌似「頸子被揪住」的那一方，便是雌蟲了。而與豆娘有近親關係的蜻蜓，在交尾時也是採取類似的姿態。

1　交尾中的紅腹細蟌，彼此身體的「末端」，跟另一方身體的「前半段」是連接在一起的。
2　交尾中的紅腹細蟌（*Ceriagrion latericium ryukyuanum*）。
3　交尾中的白粉細蟌（*Agriocnemis femina oryzae*）。

不過，畢竟雄蟲真正用於產生精子的生殖器，其實位在腹部末端（生殖孔開口在第9節後方）。因此在交尾之前，雄蟲必須先找機會彎曲身體，將自己的腹部末端與交尾器短暫相接，讓精子送入交尾器，才能夠與雌蟲交配。

新婚甜蜜蜜之難分難捨

許多豆娘在交尾完後仍不分開，雄蟲仍舊緊繫著伴侶，於是常讓人見到雙雙連結在一起飛行的景象。接著，牠們會以連結著的狀態進行產卵。這是因為「當事人」為了避免其他的雄性前來糾纏伴侶，並確保雌蟲產下自己後代的目的。於是，雄蟲會「揪住」雌蟲來到水邊產卵。不過並非所有種類的豆娘都會這麼做，也有單獨進行產卵，而雄蟲不會加以守衛的種類。

4　產卵中的脛蹼琵蟌（*Copera marginipes*）。
5　脛蹼琵蟌雌蟲的產卵管能刺入植物，將卵產在植物組織內。
6　剛羽化的紅腹細蟌，身體尚未定型，既柔軟且脆弱。
7　荷葉表面有一些成串的孔洞，為脛蹼琵蟌產卵所刺入的痕跡。
8　產卵中的紅腹細蟌。

產卵的場所通常不同種類也有自己所偏好的水域。有些豆娘選擇在靜態水域產卵，有的則喜好流動性的水源。例如紅腹細蟌、脛蹼琵蟌常在池塘類的靜水處現身，白粉細蟌偏愛沼澤地或水田這類環境。昧影細蟌較常出現在流動和緩的溝渠，短腹幽蟌則通常會在流動性較高的溪流邊活動。選好地點後，不同種類的豆娘便會在水域周圍、水生植物的枝葉或其上的積水處產下卵。有些種類並會一粒一粒的將卵產在植物組織內，使其受植物所包覆，以確保卵受到妥善的保護。

為什麼要將卵產在有水的環境？沒有錯，這是因為豆娘小時候居住在水裡。豆娘雌蟲所產下的卵，會在一段時間後孵化成為稚蟲。到郊外溝渠、池塘邊瞧瞧，也許在淺水處有機會見到牠們現身。稚蟲在水中成長的過程，依種類而不同，短則數月，長則可能需一、二年以上，直至羽化的那一天。當稚蟲已達成熟，離開水，蛻下最後一次皮後，便能展翅飛翔，開始新的生命旅程。

11

12

9　短腹幽蟌（*Euphaea formosa*）。
10　昧影細蟌羽化後留下的空殼。
11　紅腹細蟌的稚蟲（水蠆）。
12　產卵中的昧影細蟌（*Ceriagrion fallax*）。

1

生活在戶外的蟑螂

這天和往常一樣，我在辦公室裡處理一封封回不完的email信件，同時整理開會用的資料。這時，響起的手機打斷了我的思緒。接起電話，另一頭是在高中任教的老吳。原來是打電話來問蟲，我猜想是有學校師生求教於他，不過因為節肢動物的種類實在太多了，就算是學生物的，也難免會碰到不認識的種類。

生物的排除歸納法

果不其然，有學生在校園裡撿到了不認識的蟲，裝在罐子裡拿來找他。據電話中的描述，這隻蟲的身體扁平，背部看起來很光滑，就像皮革般的質感，他認為有點類似鼠婦。此外，大小有拇指那麼粗，大約是金龜子的大小，然而一般鼠婦只有豆子或米粒大。加上這隻蟲有六隻腳，於是我建議他直接去查「東方水蠊」這個關鍵字，這種蜚蠊普遍分布在低海拔及平地，戶外實在非常容易找到。後來，經過比對後，證實了我的猜測。

東方水蠊不像很多蜚蠊老往屋內跑，而是生活在戶外，校園或公園也很容易看到。土壤表面或落葉堆裡，常見牠們躲在裡頭。東方水蠊主要為夜

行性，以地表的枯落物為食，所以在大自然中身為分解者，對我們人類是無害的。

體型橢圓的東方水蠊，和牠大部分的蜚蠊親戚一樣，頭部被前胸背板給蓋住，足部佈滿短刺，具有典型的蜚蠊特徵。而牠們與眾不同的地方在於，身上的翅膀已退化，只剩下短短的片狀構造，因此不具飛行能力。牠的前胸背板前端，並具有淺黃色的邊緣。

除了這種東方水蠊，還有一種螢火蟲的幼蟲很特別，外表跟東方水蠊、鼠婦乍看有幾分神似，這種螢火蟲叫作「雲南扁螢」。特別的是，牠的幼蟲

---

1 東方水蠊夜間在步道的護欄上覓食。
2 鼠婦的本尊是這副模樣。此為一種常見的鼠婦，「彌氏喜陰蟲」（*Burmoniscus meeusei*），有一陣子常出現在我家浴室牆角。
3 這是在水泥地上活動的東方水蠊（*Opisthoplatia orientalis*），常讓人誤認為是鼠婦，其實是一種生活在戶外的蜚蠊。

4

在碰到危險時，也可以像球鼠婦或穿山甲那樣捲成一團。雲南扁螢雖然分布在全台灣的中低海拔，但是並不是很常見，要在環境比較好的山區才有機會遇到。

外表類似的不同生物

從偶然間發現鼠婦、東方水蠊之間的相似處，再聯想到雲南扁螢，原來這幾種動物同樣具有扁平的形態、平滑的背側體壁，彷彿都穿了件皮衣。其中除了雲南扁螢存在於郊野，鼠婦與東方水蠊都是市區環境有機會見到的動物。然而牠們相像的程度如何，見仁見智，也許有些人不見得認同「牠們長得像」的說法。

不過我想，這位在校園裡發現東方水蠊學生，接下來的日子仍會持續向他的老師提出新的問題，也許詢問的種類也將不限於節肢動物，甚至還會涉及植物與真菌。只要能隨時保持對大自然的好奇，很多事物都是值得投入的。不管最初促使他去探究、發問的動機為何，相信往後每一次的觀察，以及因為想知道答案而進一步與其他人交談，都可以為他的人生帶來歡樂，並拓寬視野。

5

4　白天棲息在樹皮縫隙的東方水蠊。
5　雲南扁螢（*Lamprigera yunnana*）的幼蟲，這種螢火蟲幼蟲的外觀乍看也與東方水蠊有些相似。

Chapter 6

搭乘捷運
去賞蟲

1

大溝溪
親山親水的
社區秘境

在台北市裡，有一處位於社區旁的自然步道，這個地方有溪水、綠地，而且只要搭捷運再走一小段路即可抵達，不但適合親子共遊，也是絕佳的賞蝶、賞蟲景點。這個地方就是位於內湖的大溝溪溪畔步道。

大溝溪溪畔步道又稱「大溝溪親水公園」，園區鄰近大湖山莊社區，捷運大湖公園站出站後沿著大湖山莊街前進，便可進入步道起點。由於生態豐富、風景怡人，又鄰近住宅區，彷彿城市裡的一處秘境，初次來訪會給人一種驚豔的感覺。

大溝溪發源於白石湖山，為基隆河的支流之一。大溝溪所流經的大湖山莊街一帶，過去曾因人為過度開發，導致逢颱風豪雨時周邊淹水頻繁，嚴重影響了當地居民的生活。為了改善排水問題，市政府遂以自然生態工法對

2

此處重新進行整治，興建了兼顧生態與防洪功能的調洪沉沙池，並在其中規劃步道景觀，才有了今日的大溝溪。因此，它的官方正式名稱其實叫作「大溝溪生態治水園區」。

園區內步道的坡度平緩，可以毫不費力的漫步其中，常有民眾在假日扶老攜幼前來遊憩，或遛狗、或談天。走道周圍的朱槿、仙丹花、光葉水菊等蜜源植物，常吸引蝴蝶訪花吸蜜，這樣的景象在晴天時於步道入口處的植栽便能見到。常見蝶類如大鳳蝶、花鳳蝶、小紫斑蝶、虎斑蝶等，運氣好的話，一些積水的地方也有機會發現較少見的東方喙蝶、銀灰蝶出現在地面吸水。

1　大溝溪溪畔步道有溪水、綠地，相當適合親子共遊。
2　大溝溪的入口。

親水平台一帶的大片水源，使得一般民眾能夠在此接觸水域環境，可說是這地方與眾不同的最大特色。以往我們想到水畔邊，多半得前往較偏遠的郊山，才有機會接觸到溪流、湖泊等，在一般交通方便、鄰近市區的公園或步道，很少有這類能夠親水的環境。當然這塊水域也不同於一般公園中偏向裝飾性質的水池造景，而是具有生命力的溪流，當中孕育了許多種類的生物。由於蜻蜓及豆娘是生活在水邊的生物，這裡可以見到於水邊產卵或覓食的各種蜻蜓，呂宋蜻蜓、紫紅蜻蜓、橙斑蜻蜓等種類在此有穩定族群，尤其春、夏季特別常見。此外水中也能發現魚蝦、螺類、蛙類等生物。

　　步道終點大約是西北邊的葉氏祖廟一帶，周圍的樹木常有許多鳥類在此棲息。單程約20分鐘即可走完步道，若仍覺意猶未盡，其上尚有兩條與大溝溪銜接的主要登山步道，仍可持續前行。走完大溝溪溪畔，可再向上選擇往碧湖步道或鯉魚山步道健行。不過接下來的路程會稍微陡峭一些，也有不少階梯，需要花一些時間與體力才能完成，但有機會在沿途遇見覓食的鳥類，如台灣藍鵲與台灣紫嘯鶇等。步道的沿途景觀不同於大溝溪的寬闊視野，所見多半為鬱閉的闊葉林相。路程最終可至圓覺瀑布、圓覺寺等景點，建議可在去程時選擇其中一條步道上山，回程時再走另一條折返，來趟充實的山林之旅。

3　親水平台周圍有不少的蜻蜓。
4　晴天時常見到大鳳蝶（*Papilio memnon heronus*）前來訪花。
5　交尾中的虎斑蝶（黑脈樺斑蝶，*Danaus genutia*）
6　東方喙蝶的頭部特殊，是其名稱的由來。
7　小紫斑蝶（*Euploea tulliolus koxinga*）與光葉水菊（*Gymnocoronis spilanthoides*）。光葉水菊是歸化的外來種水生植物，常有斑蝶類飛舞其間。
8　東方喙蝶（長鬚蝶，*Libythea celtis formosana*）因為體型很小，很容易讓人給忽略了。

9　呂宋蜻蜓（*Orthetrum luzonicum*）是大溝溪夏天最常見的蜻蜓之一。

10　有時還可以發現呂宋蜻蜓在水邊交尾、產卵。

11　美麗的紫紅蜻蜓（*Trithemis aurora*），亮麗的外表相當討人喜歡。
12　杜松蜻蜓（*Orthetrum sabina sabina*）具有纖細的腹部，容易讓人留下深刻印象。

1

富陽自然生態公園
都市中的荒野叢林

台北市大安區的富陽自然生態公園，是介於市區與郊區之間的一處自然景點，大家也常簡稱它為「富陽公園」。雖然名為「公園」，但它可說是一座城市森林，這裡保留了大片的自然環境，它所呈現出來的原始風貌可是相當的受歡迎。多年來，由於自然愛好者之間口耳相傳，在北部算是小有名氣。基於交通便利的優勢，假日時常可以見到不少遊客，也常有學校或民間保育團體在此處進行戶外教學。

若想前往富陽自然生態公園，可以搭乘台北捷運文湖線至麟光站，出站後約步行10分鐘左右，走到富陽街與臥龍街交叉口附近，通過入口後，你將會發現，在城市與森林之間，居然只有一牆之隔。

這個地方之所以能保留這麼多的自然景觀，是因為曾經封閉了好一陣子。從日治時代開始，這裡就被規劃為軍事用地。國民政府遷台後，將之做為軍事彈藥庫的用途，於是在此區域建起了假山與山洞，裡頭則是儲存彈藥與軍事用品的庫房。後來興建北二高期間，基於地基的考量，原本許多的山洞與軍用車道均被填實。由於軍事重地向來是受到嚴格管制的，所以該地區一直是個封閉的區域，也因為這樣，這裡一直沒有受到人為的開發或破壞，自然生態保存良好。1988年時駐軍撤出，而後先被規劃為公園用地，並歷經政府民間多次商議，經過規劃與改建後，才有了今天的富陽自然生態公園。

富陽自然生態公園內的區域，主要可分為幾個部份，包括入口解說區、次生林相觀察區、軍事涵洞遺址區、賞蝶區、自然生態演替區、生態水道

1　富陽自然生態公園的入口解說區。
2　常有保育團體在這裡進行解說，這類活動可以建立民眾對環境保護的觀念，引領更多重視環境的聲音。圖為大夥正在觀察植物上的昆蟲。

區、濕地生態觀察區、戀戀蟬聲休憩區。整體看來，富陽自然生態公園的主體就是一座小森林，主要有幾條交錯的步道，這些步道可以通往森林、生態池，以及部分稍陡的高地。由於前身為彈藥庫，因此亦可見幾座軍事設施的遺址，如碉堡、軍事涵洞、石階步道等。

　　既然有豐富的樹木，又有各種不同類型的生態環境，也就表示肯定有許多動物朋友在此定居。這裡的昆蟲中，比較有名的是棲息在烏　樹幹上的渡邊氏長吻白蠟蟬，通常在夏秋兩季可以見到其族群。這種昆蟲會出現在距入口處不遠的烏　樹上，因為有著獨特的外表，總吸引不少對地感興趣的民眾停下腳步觀望。

　　在這座公園裡，我們還可以見到蟬、蜻蜓、甲蟲以及蝶類等各式昆蟲。尤其許多蜻蜓和蝴蝶喜歡在明亮的地方活動，是很好的觀察對象。在園區中

有不少蝶類的寄主植物生長，我們可以在這些植物上觀察到蝴蝶的幼生期。例如棕櫚科植物上可以發現藍紋鋸眼蝶的幼蟲及蛹，風箱樹上有不少的異紋帶蛺蝶幼蟲，柚子樹上也可以找到大鳳蝶的卵、幼蟲。

另外還有許多兩棲類、鳥類、爬蟲類以及小型哺乳類。例如赤腹松鼠，以及一般公園不易見到的大赤鼯鼠。在此處白天可以賞蟲、賞鳥，夜晚可以觀察蛙類，風景四季皆宜。這是一座有著獨特生態圈的森林公園，不管來過幾次，每次前來，都可以讓我們享受大自然的懷抱，體會這充滿生機的清新。

3　黑冠麻鷺（*Gorsachius melanolophus*）亞成鳥，牠們有時會在林地裡覓食。
4　濕地生態觀察區有幾棵風箱樹（*Cephalanthus naucleoides*），戀戀蟬聲休憩區有幾棵水金京（*Wendlandia formosana*），這些植物上可發現異紋帶蛺蝶（*Athyma selenophora laela*）幼蟲。
5　異紋帶蛺蝶成蟲常出現在地面吸水，或停棲在向陽處。

6 夏天有陣陣蟬鳴，也有機會在園區裡見到樹木上的高砂熊蟬（*Cryptotympana takasagona*）。

7 園區中的棕櫚科植物，如山棕（*Arenga engleri*）葉子上可以發現藍紋鋸眼蝶（*Elymnias hypermnestra hainana*）的幼蟲。

8 藍紋鋸眼蝶成蟲常在日照充足的地方活動。

9　入口解說區周圍的幾棵烏桕上，可以發現渡邊氏長吻白蠟蟬（*Pyrops watanabei*）。
10　廣腹蜻蜓（*Lyriothemis elegantissima*），這種蜻蜓偏愛在靜態水域活動，在夏、秋季可以見到牠們在濕地生態觀察區一帶追逐、交尾。
11　除了賞蟲，也可以賞蛙，富陽自然生態公園裡的姑婆芋（*Alocasia odora*）上常有機會發現台北樹蛙（*Rhacophorus taipeianus*）在此棲息。

義學坑步道
泰山健行享閒情

義學坑步道為一處位在新北市，林木繁茂的生態寶庫，當然也是個賞蟲的好去處。在這裡平日或假日可以見到一些當地的民眾前來爬山健行，或者欣賞生態景觀。

義學坑步道入口的位置在新北市泰山區明志路二段254巷底，雖然目前沒有捷運可以直達，但轉乘公車的班次很多，仍是相當方便前往的地點。我們可以搭乘台北捷運中和新蘆線至丹鳳站，出站後轉乘公車（637、638、801號皆可），公車車程約15分鐘，抵達明志里站，下車後步行約80公尺，即可到達目的地的巷口附近。

進入義學坑步道之前，我們會先見到山腳下巷口旁的一座古蹟「明志書院」，相傳是台灣北部的第一所書院。明志書院最初是在清乾隆年間，由胡焯猷無私的捐地捐款創立，並供窮人家的子弟免費就學，為了紀念這件創辦學校的義舉，因此當地便有了「義學坑」之名。

走入明志書院旁的巷子，不用多少時間，就可以見到那位在幾戶民宅旁的步道入口。沿著地面上整齊的石階往前，將依序見到竹林、樹木茂密的闊葉林，附近並有小片的農地，這幾個不同類型的區域都可以找到棲息在當

1　剛羽化的高砂熊蟬（*Cryptotympana takasagona*）。夏天時有機會發現停在身旁的蟬。
2　大青叩頭蟲（*Campsosternus auratus*）。
3　義學坑步道的入口。
4　步道前段區域可見竹子與許多闊葉樹生長。

4

5

中的各種昆蟲，如瓢蟲、金花蟲、椿象、蝴蝶等。特別的是，有些平時較不
容易見到的蝶類或甲蟲，在這裡是有機會碰上的。大部分區域可以見到青剛
櫟、白匏子、紅楠、香楠、扛香藤、猿尾藤、菊花木等樹種，這些植物都常
吸引植食性的昆蟲前來。

　　當地的地形主要為丘陵地，路線則相當的單純，沿著主要道路直走，
前段的路線較平緩，中段以後的路途則有些坡度。底層因森林鬱閉，部分區
域較陰暗，但是越往上爬，視野將會越開闊明亮。步道沿途除了有護欄、石
階，部分地段更設置帶有護欄的高架木棧
道，提供了安全的步道空間，就算是陡峭
的地段也不太會發生意外的疑慮，不分老
幼都可以放心的前往。持續直行，便可到
達上方的「義學坑自然公園」平台。許多
登山者會在此歇息，或者便將旅程告一段

6

落，準備折返。若有意再往上爬，那麼不妨繼續往上走，再走一段路，便可抵達步道最頂端的「山頂公園」。

　　山頂公園的周圍設置有一些簡易運動器材，步道途中並有觀景台，可以眺望底下的泰山及大台北地區。來到義學坑步道，可以在一大片綠色植物裡健走、欣賞自然風光，還可參訪明志書院，是個適合周末踏青的地點。義學坑步道的風景有點像是倒吃甘蔗，越往前越能見到美麗的景物。入口附近乍看之下其實還挺像一般的農地與住宅區的混合，一旁的樹木甚至可能還讓人覺得有些雜亂，然而對喜歡昆蟲的人而言，這裡的好，走一趟你就會知道了！

5　黃盾背椿象（*Cantao ocellatus*）常成群聚集於大戟科植物的葉片上。
6　竹子上的懸巢舉尾蟻（*Crematogaster rogenhoferi*）與竹葉扁蚜（*Astegopteryx bambusifoliae*）。
7　茄二十八星瓢蟲（*Henosepilachna vigintioctopunctata*）在步道前段很常見。
8　甘藷龜金花蟲（*Cassida circumdata*）。

9 凹翅紫灰蝶（凹翅紫小灰蝶，*Mahathala ameria hainani*）比較喜歡停棲在有遮蔭的地方。

10 竹橙斑弄蝶（埔里紅弄蝶，*Telicota bambusae horisha*）常棲息在草叢間。

11　黑鳳蝶（*Papilio protenor*）在向陽處吸花蜜。
12　日本紫灰蝶（紫小灰蝶，*Arhopala japonica*）常在其寄主植物青剛櫟（*Cyclobalanopsis glauca*）
　　附近出現。

軍艦岩
親山步道
山嶺奇石
遙望群山

軍艦岩親山步道鄰近石牌榮民總醫院、國立陽明大學，屬於大屯山系。「軍艦岩」本身是一座小山丘，因其至高處岩層裸露，呈現出一塊凸出的巨大岩石，其外觀被認為形似一艘軍艦，不過其實這只是整座山的一小部分，而這座山也因此而得名。

欲前往軍艦岩親山步道，最方便的路線為從捷運石牌站，延石牌路二段往東北方，走至台北榮民總醫院，再往前走便可上山。上山後沿著階梯前行，約20分鐘便可抵達山頂，俯瞰台北市的光景。

軍艦岩在遠古時期，曾為一片濱海地區，由於地殼的造山運動而從海面隆起，成為今日的面貌。沿著步道走，可以注意到整個山路上許多地方露出堅硬的砂岩，有的區域雖覆蓋著土壤並長有植物，但土壤層卻顯得較薄，

這樣的風貌成為獨樹一格的地質景觀。因為土壤淺，地表顯得較乾燥，岩層裸露的區域則少有植物生長，有別於一般郊山生態。

軍艦岩海拔高約185.6公尺，山徑上日照充足。當地可以見到幾種原本在台灣中海拔才有分布的植物，例如台灣馬醉木、包籜矢竹等。一般被認為是由於該山區位在東北季風入口，高處受到風衝壓力，氣溫顯得較低，以致植物生態相有下降的趨勢。

1 山頂的巨大岩石，在山巒間顯得相當醒目。
2 波灰蝶（姬波紋小灰蝶，*Prosotas nora formosana*）正在吸食貓腥草花蜜。
3 港口矮虎天牛（*Perissus kankauensis*）。
4 軍艦岩親山步道沿途可見土壤淺薄，岩層裸露。

5

6

8

7

　　步道沿途的道路石階兩旁，相思樹、車桑子、細葉饅頭果等樹種相當常見，但石階周圍活動的昆蟲較少，比較容易觀察到的昆蟲為訪花的蝴蝶，有時也能目睹幾隻蜻蜓飛過。在植物叢裡則生態豐富，往樹木較茂密的方向搜索，有機會見到螳螂、椿象、天牛等在其中活動。其中細葉饅頭果為雙色帶蛺蝶的寄主植物，在葉片上常可發現一些幼蟲。相思樹的周圍則有機會找到港口矮虎天牛。

　　其它較優勢的植物中，白匏子、血桐的花或花苞上常有黑星灰蝶幼蟲，以及一些介殼蟲。在雙面刺的葉片上，有時也能發現黑鳳蝶幼蟲及卵，偶爾也能找到其他種類的鳳蝶幼蟲。

　　軍艦岩親山步道整體來說坡度適中，走起來並不困難，而且環境優美，是適合散心、健行的好去處。走到山頂，更可以眺望周圍的郊山與建築。站在頂端的巨岩附近，視野相當廣闊，可以欣賞座落在周圍的威靈頓山莊、文化大學，同時也可俯瞰整個大台北。所以這裡成為相當熱門的假日景點，山頂的岩石一帶常會聚集許多遊客。每逢週末前往軍艦岩踏青，可以讓你遠離塵囂，享受與綠意與美景。

5　黑星灰蝶（台灣黑星小灰蝶，*Megisba malaya sikkima*）正在吸食貓腥草花蜜。
6　在白匏子（*Mallotus paniculatus*）花梗上活動的黑星灰蝶幼蟲。
7　黑鳳蝶（*Papilio protenor*）。
8　雙面刺幼葉上的黑鳳蝶卵。雙面刺的植株上很容易見到黑鳳蝶的卵及幼蟲。
9　雙面刺（*Zanthoxylum nitidum*）。
10　中海拔特有的台灣馬醉木（*Pieris taiwanensis*）在軍艦岩也可見到。
11　細葉饅頭果（*Glochidion rubrum*）的葉子上可發現雙色帶蛺蝶（台灣單帶蛺蝶，*Athyma cama zoroastes*）幼蟲。
12　基斑毒蛾（*Dasychira mendosa*）的幼蟲。

劍南
蝴蝶步道
蝶影翩翩的
城市角落

劍南蝴蝶步道主要是以劍南路靠近大直的路段及其鄰近的幾條小徑為主體，當中有許多繁茂的原生種植物，適合多種昆蟲棲息。劍南路本身則位於台北市的大直地區，是一條坡度平緩的山區道路。

在過去，劍南路曾歷經數次開墾，因而導致自然面貌逐漸為人工景物所取代，而後台北市政府委託了台灣蝴蝶保育學會進行棲地復育，規劃以保育蝴蝶為主題的「劍南蝴蝶步道」。經多年的努力，如今則是樹木林立，具有豐富的生態資源，已成為相當出色的自然景點。劍南蝴蝶步道目前由台灣蝴蝶保育學會經營維護，進行植栽養護、教育推廣等工作。

前往劍南路的方式，可經由台北捷運文湖線，乘坐至劍南路站，由捷運站1號出口往劍南路口的方向行進，即可到達。或者可沿北安路811巷步行，順著劍潭古寺旁的石階往上，左轉後前行，便可見到入口處的池子及木棧道。步道入口並設有標示牌，並不難找。

　　既然這個步道以蝴蝶為名，蝴蝶當然便是裡頭最主要的一項特色了。為了營造適合蝴蝶生長的生態環境，劍南蝴蝶步道栽植了豐富的原生種蝴蝶寄主植物和蜜源植物，也就是蝴蝶的幼蟲及成蟲所需要的植物。步道內並設有景觀平台、誘蝶植栽區、生態水池區等，營造出多元環境，如此不僅吸引了許多蝴蝶在此繁衍，也提供了昆蟲及許多動物良好的生長空間，因此在步道沿途能見到各式各樣的昆蟲。當漫步在此步道中，民眾除了可欣賞蝴蝶外，還可以觀察植物，許多植物旁及特定區域設置有解說牌，可幫助民眾認識各種植物，以及蝴蝶與環境之間的生態關係。

　　因為昆蟲的種類繁多，在劍南蝴蝶步道中的許多植物上，我們可以很容易的直接觀察到蝴蝶，以及各類昆蟲的不同生長階段。例如道路旁栽植的魚木，上頭往往能夠發現端紅蝶的幼蟲。朴樹上有時能找到豹紋蝶、紅星斑蛺蝶等種類的幼蟲，甚至目睹蝴蝶在葉子上產卵的過程。如果碰巧天候不佳，沒有遇上空中飛舞的蝴蝶，那麼也別灰心，找找植物的枝葉，見到蝴蝶幼蟲的機會可不少。

1　劍南蝴蝶步道視野寬闊，站在高處能眺望大直地區。
2　這裡不僅是賞蝶好去處，步道沿途風景也相當怡人。

誘蝶植栽區的蜜源植物如龍船花的花朵，常吸引鳳蝶類飛來吸食花蜜。臭娘子也是一種蝴蝶喜愛的蜜源植物，開花時總會吸引多種鳳蝶、灰蝶、長腳蜂、泥壺蜂、蠅類等前來吸蜜。馬利筋既是金斑蝶的寄主植物，也是許多蝴蝶的蜜源植物；其葉片上常見金斑蝶幼蟲，而莖部常有夾竹桃蚜聚集。而在較低矮的草叢中台灣稻蝗、寬腹螳螂等昆蟲也非常的常見。有枯樹的地方還有可能找到白蟻的巢，以及天牛的成蟲等。此外，不只是昆蟲，鳥類、松鼠等動物很活躍，在生態池裡也常常能聽到青蛙的鳴叫聲。

劍南蝴蝶步道距離市區並不遠，來到這裡可以觀察自然生態、進行自然教學，當然也適合健行登山、欣賞風景。此路段上還可俯瞰鄰近的美麗華摩天輪，以及台北市各地標，夜晚並能欣賞市區夜景，甚至跨年時更可以在此欣賞華麗的煙火秀！

走完了主要地標，與蝶共舞、欣賞花草之餘，還可以順著造訪鄰近的雞南山步道、文間山步道，這兩條步道皆是相當適合健行的森林小徑。劍南蝴蝶步道的其中一個出口即與雞南山步道銜接。改天不妨造訪此地，或者可與親朋好友同行，這裡絕對是都市裡是數一數二的賞蟲、賞蝶好去處。

3　紅斑脈蛺蝶（紅星斑蛺蝶，*Hestina assimilis formosana*）正在朴樹（*Celtis sinensis*）上產卵。
4　臭娘子（*Premna serratifolia*）開花，吸引紅珠鳳蝶（紅紋鳳蝶，*Pachliopta aristolochiae interpositus*）前來吸蜜。
5　金斑蝶（樺斑蝶，*Danaus chrysippus*）。
6　在枯死的相思樹（*Acacia confusa*）上活動的黑翅土白蟻（*Odontotermes formosanus*）。
7　茶胡麻天牛（*Mesosa perplexa*）在枯木周圍活動。

8　夾竹桃蚜（*Aphis nerii*）常出現在馬利筋（*Asclepias curassavica*）的莖上。
9　三點斑刺蛾（*Darna furva*）的幼蟲。
10　台灣稻蝗（*Oxya chinesis*）常在地面草叢間活動。
11　魚木（*Crateva adansonii*）上的橙端粉蝶（端紅蝶，*Hebomoia glaucippe formosana*）幼蟲。
12　赤腹松鼠（*Callosciurus erythraeus*）在步道中也很常見。

和美山步道
碧潭水岸的生態寶庫

和美山位在新北市新店區碧潭吊橋西岸的橋頭邊,又名碧潭山,海拔高度約153公尺。幾條生意盎然的森林小徑,與知名觀光景點碧潭相鄰,這兒不但可以倘佯在大自然的懷抱裡,還可以欣賞碧潭一帶美麗的山光水景。爬山健走完再逛逛水岸風光,一整天的時間可能還不夠用!

和美山步道的入口與碧潭吊橋的距離非常的近,而且離捷運站不遠。搭乘台北捷運松山線至新店站,出站後往碧潭風景區方向步行約5分鐘,穿過一些攤販,便能找到碧潭吊橋。走過碧潭吊橋至對岸,即可見到步道入口的木製牌樓。順著入口,走過一小段較窄的階梯,即抵達步道的迎賓平台。後面的路途大致分為兩條,分別為沿途設有藍色欄杆,鄰近碧潭水岸風景的「藍線水岸步道」,以及綠色欄杆,周圍景致為森林地的「綠線親山步道」。由此可任選一條行進,兩條不同道路雖然沿途景點相異,但在途中會有些許交會點,途中並有路標與一些解說牌指引行進方向。

若選擇綠線,將可通往和美山山頂;可在綠線終點的美之城社區搭乘公車回到捷運站附近,但因公車班次不多,因此建議抵達山頂後由原路折

2

1　和美山步道的主要入口位於熱鬧的商店街。
2　和美山步道的另一條入口,與主要入口相距不遠。
3　步道沿途有許多樹木與昆蟲。
4　步道平緩好走並設有許多解說牌。

返，回程並可選擇不同的路線，在下山的同時欣賞另一條路線的風光。前半段路程大多設有護欄，相當的牢靠；後半段一些路段雖無護欄，但因兩旁有濃密的樹木做屏障，不太會有安全上的顧慮。

和美山的生態讓人讚賞，當地有豐富的原生種植物，森林中棲息了許多甲蟲、蝶類、蛾類、螽斯、螳蟲等。白天很適合賞蟲、賞蝶，晚上則可聆聽蛙鳴及貓頭鷹的叫聲，觀察夜間的自然生態。步道上常見蝶類如鐵色絨挵蝶、三斑虎灰蝶、琉璃蛺蝶等。鳥類則常可聽見台灣藍鵲、五色鳥等的鳴叫聲。

和美山旁的碧潭雖名為「潭」，但它其實並非湖泊，而是屬於比較寬闊的河道。因為步道入口一帶以及藍線水岸步道相當接近碧潭，潮濕的環境孕育了許多蛙類，走在途中可以聽到此起彼落的蛙鳴，以及觀察蜻蜓與

5　鐵色絨挵蝶（鐵色絨毛挵蝶，*Hasora badra*）正在台灣魚藤幼葉上產卵。
6　台灣魚藤上的鐵色絨挵蝶幼蟲。
7　台灣稻蝗（*Oxya chinesis*）。
8　埔里黑金龜（*Lachnosterna horishana*）。

豆娘。在接近山頂的地方有生態池及幾處水源，其周圍更有大量的蛙類棲息，例如面天樹蛙、白頷樹蛙等。

甚至偶爾在一些較隱密的小徑裡，可幸運的見到一些平時不易見到的野生動物，如夜間活動的穿山甲、棲息在森林環境的食蛇龜，然而這樣的生態寶庫，居然只離捷運站沒幾步路而已！

在春天的時候，和美山成了北部地區的知名賞螢景點。每年的四月中旬至五月底，以黑翅螢為主的螢火蟲發生期，此時滿山遍野，有如銀河般的閃閃螢光在林中穿梭，相當受大眾歡迎，因為交通便利，常有許多遊客慕名前來。其他的季節裡，晚上活動的生物也不少，在這片森林環境裡做夜間觀察，能見到的生物種類可不比白天來得少。

9　面天樹蛙（*Kurixalus idiootocus*）。
10　三斑虎灰蝶（三星雙尾燕蝶，*Spindasis syama*）。
11　昧影細蟌（*Ceriagrion fallax*）。
12　白斑弄蝶（狹翅弄蝶，*Isoteinon lamprospilus formosanus*）。

　　和美山的森林有蟲鳴鳥叫，入夜後或欣賞碧潭吊橋旁的夜景，或者觀察山中夜間活動的小動物，在春天更有閃耀的螢火蟲。趁著假日，放下手邊的紛擾俗事，來到和美山步道，這裡的環境保證可以令你心曠神怡。

13　台灣穿山甲（*Manis pentadactyla pentadactyla*），又稱台灣鯪鯉。

14

走累了，下山還可以在碧潭岸邊一
帶的攤販與餐飲區、露天咖啡廳稍作歇
息，欣賞碧潭吊橋的藍天白雲。多樣的
選擇，來過幾次仍可讓人意猶未盡，是
非常棒的假日生態旅遊景點。

15

14　春天夜晚螢火蟲大發生的盛況。
15　黑翅螢（*Luciola cerata*）是當地數量最多的螢火蟲。

作者後記

　　我生長的童年，資訊設備尚未普及，與現今聲光效果環伺的大環境比起來，彷彿是不同的兩個世界。在那個年代裡，電腦及手機都還很罕見，沒有網際網路，有線電視頻道則只有四台。那麼，從前的生活會不會讓人覺得太過單調了點？

　　其實我覺得一點也不，畢竟對我而言，資訊科技並非生活的唯一。儘管當時電腦不普及，探索身邊的動植物，特別是昆蟲，就是我最主要的休閒活動。小學的校園裡，草皮上最常見的螽斯、蝗蟲，每天下課都可以發現牠們的蹤影。放學回到家，我又可以花上幾個小時研究盆栽上的蝴蝶幼蟲。

　　就算是在車輛、行人來往的街道旁，也常有機會發現正在產卵的蝶類、在樹幹上吸食著樹液的椿象，大自然的懷抱可說是無所不在。當然，也曾把學校裡找到的昆蟲帶回家飼養，這點肯定也是許多自然愛好者共有的回憶與經驗。

　　慢慢的，時代改變了，在我的求學過程中，社會步入了數位時代。不管是學生還是上班族，大眾的工作形式開始電子化，電子遊樂設備的種類也變得很多元，人類的作息逐漸被電腦平台給緊緊綁住。我想，對許多現代都市人而言，也許智慧型手機、平板電腦所散發的魅力，是遠大於親近大自然的吧？然而直到現在，觀察自然生態一直是我打從心底喜愛的嗜好。只要一有空，我總會在室內外尋找昆蟲。我想，我真是個標準的「數位移民」，不僅曾從低科技的環境移民到數位時代，如今就算幾天不開電腦，也有別的興趣可以讓我忙上一陣子。

　　除了賞蟲，我也愛看書。我的房間裡總是堆滿書，裡頭當然有不少昆蟲的專書。這些書裡，翻譯自國外的科普書、百科或圖鑑至少占了近半數。我總覺得，那些翻譯的昆蟲書，當中出現的種類常常離我們太過遙遠。於是我有了這樣的想法：其實台灣也有許多有趣的昆蟲，比起外國的物種，牠們應該更值得介紹給國人認識。何況，我們不需要深入荒郊野外，在都市裡就可以發現昆蟲，牠們的種類還出乎意料的多。

　　這是一本寫給都市裡昆蟲愛好者的書。我在各個章節裡分享了自己多年來在都會區，以及近郊綠地遇到的各式昆蟲。那些出現在都市裡、居所旁，我們身邊隨處可見的昆蟲鄰居，就是最重要的主角。希望它可以帶領讀者，發現那些昆蟲所出沒的角落，並在昆蟲的世界中得到樂趣。說不定，你還能因此在昆蟲身上領悟些什麼。

　　事實上，許多常見昆蟲因為在文獻中少有記載，或者因為體型微小的緣故，在辨識上具有一定難度。寫作期間，承蒙許多專家與自然愛好者協助鑑定及提供建議，在此由衷感謝國立自然科學博物館的詹美鈴博士、行政院農委會農業試驗所的姚美吉博士、國立嘉義大學植物醫學系的蕭文鳳教授、六足工作室的徐渙之老師、林務局羅東林管處的陳彥叡先生、蟲窩自然生態工作室的黃致玠先生。

　　我要特別感謝大樹自然書系的張蕙芬總編輯，經由張總編的細心建議及鼎力玉成，這本書才能有機會出版。我也很感謝台灣環境資訊協會的彭瑞祥主任與協會夥伴，幾年前彭主任邀請我為協會撰寫生態類文稿，這樣的機會讓我累積了許多寫作經驗並得到不少鼓勵。除此之外，仍有許多朋友的幫助與支持，基於篇幅未能一一列出，在此一併致謝。

　　台灣目前已有紀錄的昆蟲物種數約有二萬餘種，然而尚未有紀錄的種數可能仍有上萬種之多。這本書所介紹的，只是其中一小部分常見的種類。在各種不同的昆蟲中，仍有許許多多的生態行為有待人類進一步的深究與探索。假使讀者在本書內容中發現任何疏漏之處，敬請不吝指正，我會虛心接受您的寶貴建議。

大樹自然放大鏡系列之18 **自然老師沒教的事6—都市昆蟲記**
The Fascinating World of Urban Insects

◎出版者／遠見天下文化出版股份有限公司

◎創辦人／高希均、王力行

◎遠見・天下文化・事業群 董事長／高希均

◎事業群發行人／CEO／王力行

◎天下文化社長／總經理／林天來

◎國際事務開發部兼版權中心總監／潘欣

◎法律顧問／理律法律事務所陳長文律師

◎著作權顧問／魏啟翔律師

◎社址／台北市104松江路93巷1號2樓

◎讀者服務專線／（02）2662-0012　傳真／（02）2662-0007；2662-0009

◎電子信箱／cwpc@cwgv.com.tw

◎直接郵撥帳號／1326703-6號　遠見天下文化出版股份有限公司

◎撰文／李鍾旻

◎攝影／李鍾旻

◎大樹書系總策劃／張蕙芬

◎總編輯／張蕙芬

◎美術設計／連紫吟・曹任華

◎製版廠／黃立彩印工作室

◎印刷廠／立龍藝術印刷股份有限公司

◎裝訂廠／精益裝訂股份有限公司

◎登記證／局版台業字第2517號

◎總經銷／大和書報圖書股份有限公司　電話／（02）8990-2588

◎出版日期／2015年5月15日第一版
　　　　　／2019年5月10日第一版第3次印行

◎ISBN: 978-986-320-716-0

◎書號：BT4018　◎定價／480元

國家圖書館出版品預行編目資料

自然老師沒教的事. 6, 都市昆蟲記 / 李鍾旻著.
－－ 第一版. －－ 臺北市：遠見天下文化, 2015.05
　　面；　公分. －－（大樹自然放大鏡系列；18）
ISBN 978-986-320-716-0 (精裝)

1.昆蟲 2.臺灣

387.7133　　　　　　　　　　104005722

BOOKZONE 天下文化書坊　http://www.bookzone.com.tw

The Fascinating World of Urban Insects